水力学实验

主　编　孙玉霞　朱永梅　张　鹏
副主编　程银才　王　萌

黄河水利出版社
·郑州·

内 容 提 要

全书共分 3 篇,第 1 篇为绪论,主要阐述水力学实验的意义及要求、水力学基本参数的量测;第 2 篇为基础实验篇,主要以水力学教学大纲为依据,满足本科实验教学要求,内容包括流体静力学综合性实验、毕托管测速与修正因数标定实验、文丘里综合性实验、恒定总流伯努利方程综合性实验、动量定律综合性实验、雷诺实验、沿程水头损失实验、局部水头损失实验;第 3 篇为提升实验篇,主要满足学生课外拓展要求,提升学生水力学理论体系,内容包括达西渗流实验、平面上的静水总压力测量实验、孔口出流与管嘴出流实验、明渠流动实验、有压管流实验、演示实验等。另外,本书配有相应的 CAI 课件。

本书可作为高等院校水利与土木类专业的实验教材,也可作为大专、中等专业学校相关专业的实验参考书,并可作为实验检测技术人员的工具参考书。

图书在版编目(CIP)数据

水力学实验/孙玉霞,朱永梅,张鹏主编. —郑州:黄河
水利出版社,2017.11
ISBN 978 – 7 – 5509 – 1915 – 0

Ⅰ.①水…　Ⅱ.①孙…　②朱…　③张…　Ⅲ.①水力
实验 – 高等学校 – 教材　Ⅳ.①TV131

中国版本图书馆 CIP 数据核字(2017)第 303784 号

出　版　社:黄河水利出版社　　　　　　　　　网址:www.yrcp.com
　　地址:河南省郑州市顺河路黄委会综合楼 14 层　　邮政编码:450003
发行单位:黄河水利出版社
　　发行部电话:0371 – 66026940、66020550、66028024、66022620(传真)
　　E-mail:hhslcbs@126.com
承印单位:河南承创印务有限公司
开本:787 mm × 1 092 mm　1/16
印张:6.5
字数:150 千字　　　　　　　　　　　　　印数:1—2 100
版次:2017 年 11 月第 1 版　　　　　　　　印次:2017 年 11 月第 1 次印刷
定价:15.00 元

前　言

　　水力学是一门研究流体的平衡和力学运动规律及其应用的科学。侧重于工程应用的应用流体力学(有的简称流体力学或水力学)是高等院校水利、土木、环境、海洋、机械、化工等许多理工科专业的必修课程。

　　水力学的特点是理论和实践紧密结合,它的许多问题,即使能用现代理论分析与数值计算求解,最终还是要借助实验检验修正。因此,实验教学在水力学课程中占有相当重要的地位。

　　本教材是《水力学》的配套教材,以培养动手能力、分析解决问题能力和创造创新能力为编写的指导思想,按实验课程的基本要求编写而成。本教材的实验顺序按照实验内容的知识体系分章编排,符合循序渐进的认知规律。

　　本教材中采用的实验教学仪器是浙江大学力学实验教学中心研制的,以创新的仪器和软件作为实验教学平台,对学生的创新能力培养是十分有益的。

　　本教材由孙玉霞、朱永梅、张鹏担任主编,由程银才、王萌担任副主编,在编写中得到了陈少庆、贾丽梅、郑乾坤等的帮助,在此一并表示由衷的感谢。

　　鉴于编者的水平有限,书中难免有错误和不足之处,恳请读者批评和指正。

编　者
2017 年 3 月

目　录

第 1 篇　绪　论 ……………………………………………………………… （1）

第 2 篇　基础实验篇 ………………………………………………………… （9）

第 1 章　流体静力学综合性实验 ………………………………………… （9）

第 2 章　毕托管测速与修正因数标定实验 ……………………………… （19）

第 3 章　文丘里综合性实验 ……………………………………………… （22）

第 4 章　恒定总流伯努利方程综合性实验 ……………………………… （26）

第 5 章　动量定律综合性实验 …………………………………………… （30）

第 6 章　雷诺实验 ………………………………………………………… （34）

第 7 章　沿程水头损失实验 ……………………………………………… （38）

第 8 章　局部水头损失实验 ……………………………………………… （42）

第 3 篇　提升实验篇 ………………………………………………………… （46）

第 9 章　达西渗流实验 …………………………………………………… （46）

第 10 章　平面上的静水总压力测量实验 ……………………………… （51）

第 11 章　孔口出流与管嘴出流实验 …………………………………… （57）

第 12 章　明渠流动实验 ………………………………………………… （62）

第 13 章　有压管流实验——水泵性能实验 …………………………… （77）

第 14 章　演示实验 ……………………………………………………… （89）

第1篇　绪　论

1.1　水力学实验的意义及要求

1.1.1　水力学实验的意义及教学目的

水力学的研究方法一般有理论分析、实验研究和数值模拟三种,由于水力学问题影响因素错综复杂,以及数学求解上的困难,许多实际流动问题目前还难以通过理论方法精确求解。因此,实验在水力学中占有十分重要的地位,它不仅对理论分析和数值计算成果正确与否进行最终检验,而且在某些方面,实验已成为解决问题的主要研究手段。水力学发展史上有许多通过实验了解水流现象、寻求水流运动规律的例子,如著名的雷诺实验、尼古拉兹实验等。在实际工程中,利用模型实验来研究水的流动现象及其与建筑物的相互作用,从而验证及优化设计施工方案已经非常普遍。随着现代流动测量技术日新月异的发展,实验的量测精度也大大提高。水力学实验研究无论是对学科理论的发展还是对解决工程实际问题,都具有极其重要的意义。

水力学实验研究主要是通过在水流运动的现场或实验室的水槽、水池、管道、河工模型等实验设备中对具体流动的现测和分析,来认识水流运动的规律。水力学实验研究包括原型现测、系统实验和模型实验。水力学实验教学中的实验属于系统实验,而解决工程实际问题以模型实验为主。

对实验教学而言,水力学实验课程的目的有以下几点:

(1)通过实验观测各种水流现象和量测有关水力要素,增加感性认识,验证、巩固、拓展理论课的知识,提高理论分析的能力。

(2)学会正确使用有关的常规仪器设备和掌握科学实验的基本方法,正确量测、记录数据和整理分析实验结果,撰写出实验报告,从而培养学生的动手能力和创新思维。

(3)培养学生具有较强的协作能力,严谨、实事求是的工作作风和科学态度。

1.1.2　实验教学的要求和注意事项

水力学实验是水力学课程教学的一个重要环节,也是培养学生理论联系实际,掌握实验的基本原理和基本技能的一个重要手段。要求学生必须严肃、认真地对待实验的每一个环节,实验时要求做到以下几点:

(1)在进行实验前必须认真做好预习,仔细阅读实验指导书及理论课教材上的相关内容,明确实验的目的和要求,掌握相关实验原理,了解实验步骤和有关仪器设备的操作及注意事项,做到心中有数;做好预习报告,列出实验所需要的表格,对设计性实验还需写出实验设计方案。

(2)实验室是实践教学的重要场所,进入实验室后,必须遵守实验室的各项规章制度,严格遵守操作规程,爱护仪器设备,保持实验环境的安静与整洁。

(3)实验时,应保持严谨的工作态度和良好的科学作风,按实验步骤精心操作,同时注意多观察实验现象,多分析思考问题,及时准确地记录实验数据。对实验数据的记录要做到:①原始记录数据不得凭空捏造或任意涂改;②原始记录应有记录者和校对者的姓名;③数字的有效位数应与精度保持一致;④必要时应对关键场次进行录像或拍照,不同场次或工况的数据和现象应一一对应,不要搞错;⑤实验完成后应主动交给指导老师检查并得到签字认可,凡是无指导老师签字者,该实验视为无效。

(4)实验结束后,应对实验记录进行必要的检查和补充,关闭仪器和电源,归还秒表等用具,擦干台面水渍,量筒、吸耳球等实验用具摆放整齐,经老师同意后方可离开实验室。

(5)水力学实验室实行开放教学,学生可以根据自己的具体情况选择实验时间。为了便于安排管理,原则上按教学班或实验组为单位预约实验时间,实验时至少提前一天到实验室进行登记预约。实验室优先安排以组为单位预约的实验,少数由于各种原因不能随组一起参加实验的学生,经过申请也可以单独预约或随到随做。

1.1.3　实验报告要求

(1)实验报告一般应包括:①实验的目的和要求;②实验设备简图;③实验操作步骤及注意事项;④实验现象描述及原始数据记录;⑤实验数据的整理计算,包括计算表格以及绘制关系曲线;⑥实验结论分析及误差分析;⑦完成规定的分析思考题。

(2)每个学生必须独立完成实验报告,杜绝抄袭现象;图表文字必须正确和整洁。

(3)学生以组为单位进行实验,各项实验完成后一周内以组为单位将实验报告送交,逾期不交者将做适当处理。原则上,经实验前检查未完成上次实验报告的,不得参加本次实验。

1.2　水力学基本参数的量测

1.2.1　水位量测

水位测针是水力学实验室量测水位最常用的设备(见图0-1),其结构简单,使用方便,精度可达0.1 mm。测量时测针杆能上下移动,以测针尖直接测量水位,或用测针筒将水引出,在筒内进行测读。前者测读简捷,但水面波动对读数的影响较大;后者水面平静,测量精度较高。若需测水面线,可将测针安装在活动测针架上,使其沿着校平导轨前后、左右滑动,以便测得任意断面处的水深或水位。使用测针时应注意:

(1)测量时,测针尖应自上向下逐渐逼近水面,直至针尖与其倒影刚巧吻合,水面微有跳起时观测读数。

(2)当水位略有波动时,应测量最高、最低水位多次,然后取其平均值。

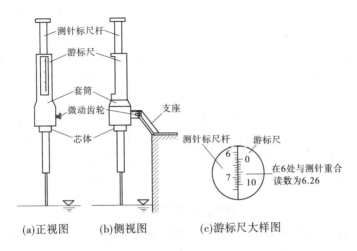

(a)正视图　　(b)侧视图　　　　(c)游标尺大样图

图 0-1　水位测针示意图

（3）经常检查测针支座有无松动,零点有无变动。

此外,较常用的还有超声波水位仪,采用电测法的电阻式、电容式水位仪及数字编码自动跟踪式水位仪等。

1.2.2　压强量测

压强是流体运动的重要参数之一。通过压强的量测,可以得到流速、流量等其他运动参数,因而压强的量测是水力学实验中一项基本的量测技术。

液柱式压强计是最简单且精度较高的一种常规仪器。它是根据流体静力学原理制成的仪器,其将被测压强转换成液柱高度进行测量,采用水、酒精或水银作为工作液体,用来测量正压、负压或压强差。

1.2.2.1　测压管

测压管是一种最简单的液柱式测压计。常采用内径为 10 mm 左右的直玻璃管。测量时,将测压管的下端与装有液体的容器连上,上端开口与大气相通,如图 0-2 所示。通过观测管中液体上升的高度测量液体中对应点的压力,读数时应注意视线与液面齐平,读取测压管内弯液面底部对应的刻度值。

如果容器内装的是静止液体,液面上是大气压,则测压管内的液面均和容器内液面齐平,如图 0-3（a）所示,静止液体内各点的测压管水头是一个常数。

如果容器内液面的压强 p_0 大于大气压或小于大气压,则测压管内的液面会高于或低于容器的液面,但不同点的测压管水头是一个常数,如图 0-3（b）所示。

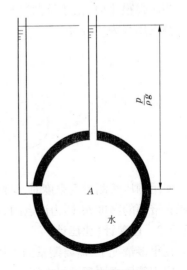

图 0-2　测压管测压

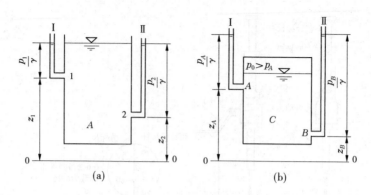

图 0-3　测压管测压

当压强很大时,为避免测压管高度过大而使量测不便,常在 U 形管内改用密度较大的液体,如水银等,如图 0-4 所示。

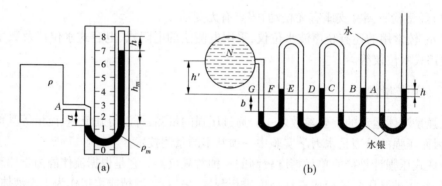

图 0-4　U 形管测压计

当压强很小时,由于读数精度不够,误差较大,往往要倾斜测压管测量,如图 0-5 所示。测点压强为 $p = \rho g h$。

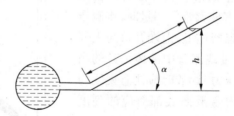

图 0-5　斜管测压计

使用测压管测量真空度时,其测量装置如图 0-6 所示。将测压管倒置于开口容器中,测压管液面的高度 h_v 即为该点的真空度。

1.2.2.2　压差计(比压计)

在很多情况下,需要测量两点压差或测压管水头差,这时可用压差计,如图 0-7 所示。

应用等压面原理可得出两点的压差。对于如图 0-7 所示的情况,A、B 两点的测压管水头差就是:

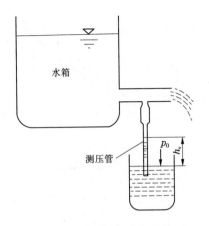

图 0-6　测压管测量真空度

$$\left(z_A + \frac{p_A}{\rho g}\right) - \left(z_B + \frac{p_B}{\rho g}\right) = \left(\frac{\rho - \rho_m}{\rho}\right)\Delta h$$

当 ρ_m 为空气密度时,图 0-7 即为气 - 水压差计,A、B 两点的测压管水头差就是:

$$\left(z_A + \frac{p_A}{\rho g}\right) - \left(z_B + \frac{p_B}{\rho g}\right) = \Delta h$$

图 0-8 为测量不等高 A、B 点压差的气 - 水压差计。

1.2.2.3　微压计

在测量较小的压强时,最常用的是斜管式微压计(见图 0-9)。

上面所述的几种液柱式压强计的共同优点是:结构简单,精度和灵敏度较高,并且比较直观。缺点是:水柱

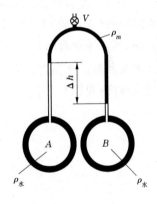

图 0-7　压差计

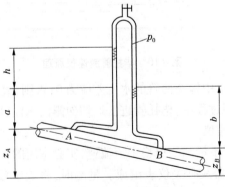

图 0-8　气 - 水压差计

惯性大,压强反应较迟钝。只能用来测量时均压强,不能同步测量随机变化的压强。在测高压时,测管需做得很高,读测很不方便;如改用水银,压强计损坏后,水银坠地,易蒸发形成有毒气体。

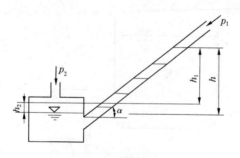

图 0-9 斜管式微压计

1.2.3 流速量测

1.2.3.1 毕托管

毕托管是实验室最常用的测速设备之一,适宜于测 10 cm/s 以上的稳定流速。毕托管由测速管(全压管)和测压管(静压管)两部分组成。测量时将测速管的一端正对着来流方向,另一端垂直向上,这时测速管中上升的液柱比测压管内的液柱高,这个差值即为全压水头和静压水头之差 Δh,只要测量出 Δh,根据公式 $v = c\sqrt{2g\Delta h}$,就可以确定相应点的流动速度(见图 0-10)。其中,c 为毕托管校正系数,一般由率定实验确定。

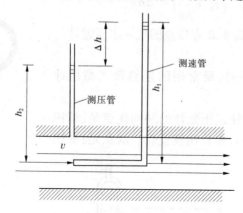

图 0-10 毕托管流速仪原理

使用毕托管时,在静水中检查两管的水压差应为 0;否则,表明管内有气泡,此时应采取措施予以排除。在使用过程中,毕托管进水口切勿露出水面,以防漏气。

1.2.3.2 微型旋桨式流速仪

旋桨式流速仪主要用于量测明渠稳定流流速,实验室用的一般是微型旋桨式流速仪,它由传感器(旋桨)、计数器及有关仪表组成。量测时,将旋桨放入水流测点处并对准水流流向,水流作用于流速仪的旋桨时,由于它的迎水面的各部分受到的水压力不同而产生压力差,以致形成一转动力矩,旋桨将产生转动。流速越大,转动越快。流速与转速间具有如下线性关系:

$$v = kf + v_0$$

式中:v 为测点流速;k 为旋桨系数,随旋桨结构而定,可由率定曲线求得;f 为叶轮旋转频率,$f = N/T$,其中 T 为计测时间,N 为 T 时间内叶轮旋转次数;v_0 为叶轮惯性引起的起动流速,v_0 越小,表明旋桨越灵敏,测速的灵敏度越高,v_0 值一般为 $2 \sim 3$ cm/s。

　　按能量转换原理不同,也就是叶轮旋转计数方法不同,旋桨式流速仪可分为电阻式、电感式和光电式等。其中,光电式在流体实验中得到较普遍的使用(见图 0-11)。在水流含沙量较大或漂浮物较多时,旋桨式流速仪易产生缠绕等问题,使用中应加以注意。

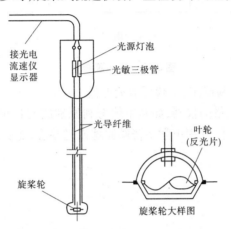

图 0-11　光电式旋桨式流速仪示意图

　　除以上两种常见的测速仪外,随着流动测量技术的发展,还有电磁式流速仪、超声式流速仪、热线流速仪、激光流速仪,以及更为先进的粒子图像测速技术。

1.2.4　流量量测

1.2.4.1　体积法和称重法

　　体积法和称重法是水力学实验室最常用的流量测量方法。根据流量的定义,当流量恒定时,用量筒或其他盛水容器接水,同时用秒表计时,用量筒读出该时段内所接水的体积或用电子秤称出其重量,除以时间,即可计算出体积流量或重量流量,即 $Q = V/T$ 或 $Q = G/T$。采用体积法或称重法时应注意接水和计时必须同步,且同一个流量必须测量 3 次以上,取平均值,以保证测量精度。

1.2.4.2　量水堰

　　明渠模型流体实验中,常采用量水堰测量流量。量水堰多为薄壁堰,其断面形状一般为矩形或三角形(见图 0-12)。

　　当实验流量较大时常采用矩形堰测流(见图 0-12(b))。在无侧收缩、自由出流的情况下,矩形堰的流量计算公式为:

$$Q = m_0 b \sqrt{2g} H^{\frac{3}{2}}$$

式中:Q 为流量;H 为堰上水头;m_0 为流量系数,由实验或有关经验公式确定;b 为堰宽。

　　当实验流量较小时,为避免堰上水头过小形成水舌贴壁溢流,宜采用三角形堰测流(见图 0-12(c))。直角三角形堰的流量计算公式为:

$$Q = C_0 H^{\frac{5}{2}}$$

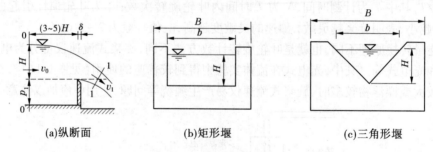

(a)纵断面　　　　　　(b)矩形堰　　　　　　(c)三角形堰

图 0-12　量水堰测流

式中：C_0 为流量系数，由实验确定，一般可取近似值 1.4。

此外，还有其他测量流量的仪器，如利用伯努利原理的文丘里流量计，利用法拉第电磁感应原理的电磁式流量计，利用声学多普勒原理或时差法，能实现非接触量测的超声波流量计，激光流量计等。

第 2 篇　基础实验篇

第 1 章　流体静力学综合性实验

流体静力学是研究流体在静止状态下的平衡规律及其在实际中应用的一门学科。本章实验内容包含流体静力学基本方程验证、流体静压强、密度等基本要素测量,一些定性分析实验、结合生活案例的设计性实验及有趣的"静压奇观"演示实验等,目的在于加深对流体静力学基本概念的理解,提高观察分析问题的能力及学用结合的能力。

1.1　流体静力学实验

1.1.1　实验装置

1. 实验装置简图

实验装置及各部分名称如图 1-1 所示。

2. 装置说明

(1)流体测点静压强的测量方法之一——测压管。

流体的流动要素有压强、水位、流速、流量等。压强的测量方法有机械式测量方法与电测法,测量的仪器有静态与动态之分。测量流体测点压强的测压管属机械式静态测量仪器。测压管是一端连通于流体被测点,另一端开口于大气的透明管,适用于测量流体测点的静态低压范围的相对压强,测量精度为 1 mm。测压管分直管形和 U 形。直管形如图 1-1 中管 2 所示,其测点压强 $p = \rho g h$,h 为测压管液面至测点的竖直高度。U 形如图 1-1 中管 1 与管 8 所示。直管形测压管要求液体测点的绝对压强大于当地大气压,否则因气体流入测点而无法测压。U 形测压管可测量液体测点的负压。U 形测压管还可测量气体测点压强,如管 8 所示,一般 U 形测压管中为单一液体(本装置因其他实验需要,在管 8 中装有油和水两种液体),测点气压为 $p = \rho g \Delta h$,Δh 为 U 形测压管两液面的高度差,当管中接触大气的自由液面高于另一液面时 Δh 为" + ",反之 Δh 为" − "。由于受毛细管影响,测压管内径应大于 8 ~ 10 mm。本装置采用毛细现象弱于玻璃管的透明有机玻璃管作为测压管,内径为 8 mm,毛细高度仅为 1 mm 左右。

(2)恒定液位测量方法之一——连通管。

测量液体的恒定水位的连通管属机械式静态测量仪器。连通管是一端连接被测液

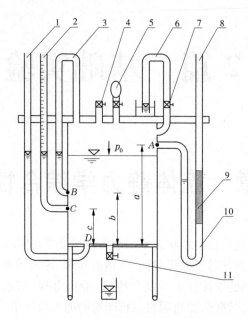

1—测压管;2—带标尺测压管;3—连通管;4—通气阀;5—加压打气球;
6—真空测压管;7—截止阀;8—U 形测压管;9—油柱;10—水柱;11—减压放水阀

图 1-1　流体静力学综合性实验装置

体,另一端开口于被测液体表面空腔的透明管,如管 3 所示。敞口容器中的测压管也是测量液位的连通管。连通管中的液体直接显示了容器中的液位,用毫米刻度标尺即可测读水位值。本装置中连通管与各测压管同为等径透明有机玻璃管。液位测量精度为 1 mm。

(3)所有测压管液面标高均以带标尺测压管 2 的零点高程为基准。

(4)测点 B、C、D 位置高程的标尺读数值分别以 ∇_B、∇_C、∇_D 表示,若同时取标尺零点作为静力学基本方程的基准,则 ∇_B、∇_C、∇_D 亦为 z_B、z_C、z_D。

(5)本仪器中所有阀门旋柄均以顺管轴线为开。

3. 基本操作方法

(1)设置 $p_0 = 0$ 条件。打开通气阀 4,此时实验装置内压强 $p_0 = 0$。

(2)设置 $p_0 > 0$ 条件。关闭通气阀 4、减压放水阀 11,通过加压打气球 5 对装置打气,可对装置内部加压,形成正压。

(3)设置 $p_0 < 0$ 条件。关闭通气阀 4、加压打气球 5 底部阀门,开启减压放水阀 11 放水,可对装置内部减压,形成真空。

(4)水箱液位测量。在 $p_0 = 0$ 条件下读取管 2 的液位值,即为水箱液位值。

1.1.2　实验原理

(1)在重力作用下不可压缩流体静力学基本方程为:

$$z + \frac{p}{\rho g} = C$$

即在连通的同种静止液体中,各点对于同一基准面的测压管水头相等。

（2）由静水压强的分布规律，且测压管的一端接大气，这样就把测压管水头表示出来了。再利用液体的平衡规律，可知连通的静止液体区域中任何一点的相对压强为：

$$p = p_0 + \rho g h = p_A + \rho g h = \rho g h$$

（3）油密度测量原理。

方法一：测定油的密度 ρ_o，简单的方法是利用 U 形测压管 8，再另备一根直尺进行直接测量。实验时需打开通气阀 4，使 $p_0 = 0$。若水的密度 ρ 为已知值，如图 1-2 所示，由等压面原理则有：

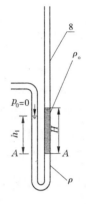

$$\frac{\rho_o}{\rho} = \frac{h_1}{H}$$

图 1-2　油的密度测量方法一

方法二：不另备测量直尺，只利用测管 2 的自带标尺测量。先加压使 U 形测压管 8 中的水面与油水交界面齐平，如图 1-3（a）所示，有：

$$p_{01} = \rho g h_1 = \rho_o g H$$

再减压放水，使 U 形测压管 8 中的水面与油面齐平，如图 1-3（b）所示，有：

$$p_{02} = -\rho g h_2 = \rho_o g H - \rho g H$$

联立两式则有：

$$\frac{\rho_o}{\rho} = \frac{h_1}{h_1 + h_2}$$

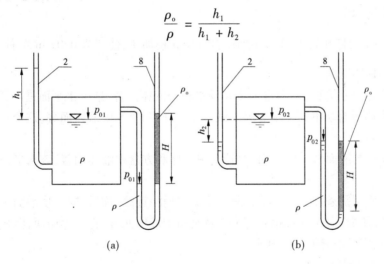

(a)　　　　　　　　　　　　　　(b)

图 1-3　油的密度测量方法二

1.1.3　实验目的与要求

（1）掌握用测压管测量流体静压强的技能。

（2）通过对诸多流体静力学现象的实验观察分析，加深理解位置水头、压强水头及测管水头的概念。

（3）验证不可压缩流体静力学基本方程。

（4）观察真空现象，加深对真空压强、真空度的理解。

（5）测定油的密度。

1.1.4　实验内容与方法

1. 定性分析实验

（1）测压管和连通管的判定。

按测压管和连通管的定义，实验装置中管 1、2、6、8 都是测压管，当通气阀关闭时，管 3 无自由液面，是连通管。

（2）测压管高度、压强水头、位置水头和测压管水头的判定。

测点的测压管高度即为压强水头 $\frac{p}{\rho g}$，不随基准面的选择而变，位置水头 z 随基准面选择而变。

（3）观察测压管水头线。

测压管液面的连线就是测压管水头线。打开通气阀 4，此时 $p_0 = 0$，那么管 1、2、3 均为测压管，从这三管液面的连线可以看出，对于同一静止液体，测管水头线是一根水平线。

想一想：同一静止液体内，（a）测压管水头线是一根水平线；（b）测压管水头处处相等；（c）测压管高度处处相等；（d）$z + \frac{p}{\rho g} = C$。错误答案是（　　　）。

（4）判别等压面。

关闭通气阀 4，打开截止阀 7，用加压打气球 5 稍加压，使 $\frac{p_0}{\rho g}$ 为 0.02 m 左右，判别下列几个平面是不是等压面：

①过 C 点做一水平面，相对管 1、2、8 及水箱中液体而言，这个水平面是不是等压面？

②过 U 形测压管 8 中的油水分界面做一水平面，对管 8 中液体而言，这个水平面是不是等压面？

③过管 6 中的液面做一水平面，对管 6 中液体和方盒中液体而言，该水平面是不是等压面？

根据等压面判别条件——质量力只有重力、静止、连续、均质、同一水平面——可判定上述②、③是等压面。在①中，相对管 1、2 及水箱中液体而言，它是等压面，但相对管 8 中的水或油来讲，它都不是同一等压面。

（5）观察真空现象。

打开减压放水阀 11 降低箱内压强，使管 2 的液面低于水箱液面，这时箱体内 $p_0 < 0$，再打开截止阀 7，在大气压力作用下，管 6 中的液面就会升到一定高度，说明箱体内出现了真空区域（负压区域）。

答一答：此时实验装置内的真空区域是哪些？

（6）观察负压下管 6 中液位变化。

关闭通气阀 4，开启截止阀 7 和减压放水阀 11，待空气自管 2 进入圆筒后，观察管 6 中的液面变化。

想一想：管 6 中的液位，（a）升高；（b）下降；（c）不变。正确答案是（　　　），为什么？

2.定量分析实验

(1)测点静压强测量。

根据基本操作方法,分别在 $p_0 = 0$、$p_0 > 0$、$p_0 < 0$ 的条件下测量水箱液面标高 ∇_0 和测压管 2 液面标高 ∇_H,分别确定测点 A、B、C、D 的压强 p_A、p_B、p_c、p_D。

(2)油的密度测定拓展实验。

按实验原理,分别用方法一与方法二测定油的密度。

实验数据处理与分析参考 1.1.5 部分。

1.1.5　数据处理及成果要求

(1)记录有关信息及实验常数。

实验设备名称:_____;

实验台号:_____;

实验者:_____;

实验日期:_____。

各测点高程为:$\nabla_B = $ ____ $\times 10^{-2}$ m,$\nabla_C = $ ____ $\times 10^{-2}$ m,$\nabla_D = $ ____ $\times 10^{-2}$ m;

基准面选在:$z_C = $ ____ $\times 10^{-2}$ m,$z_D = $ ____ $\times 10^{-2}$ m。

(2)实验数据记录及计算结果,见表 1-1、表 1-2。

(3)成果要求。

①回答定性分析实验中的有关问题。

②由表中计算的 $z_C + \dfrac{p_C}{\rho g}$、$z_D + \dfrac{p_D}{\rho g}$,验证流体静力学基本方程。

③测定油的密度,对两种实验结果做比较。

1.1.6　分析思考题

(1)相对压强与绝对压强、相对压强与真空度之间有什么关系?测压管能测量何种压强?

(2)测压管太细,对测压管液面读数会造成什么影响?

(3)本仪器测压管内径为 0.8×10^{-2} m,圆筒内径为 2.0×10^{-1} m,仪器在加气增压后,水箱液面将下降 δ,而测压管液面将升高 H,实验时,若近似以 $p_0 = 0$ 时的水箱液面读值作为加压后的水箱液位值,那么测量误差 δ/H 为多少?

1.1.7　注意事项

(1)用加压打气球加压需缓慢,以防液体溢出及油柱吸附在管壁上;打气后务必关闭打气球下端阀门,以防漏气。

(2)真空实验时,放出的水应通过水箱顶部的漏斗倒回水箱中。

(3)在实验过程中,装置的气密性要求保持良好。

表 1-1　流体静压强测量记录及计算表

实验条件	次序	水箱液面 ∇_0 (10^{-2} m)	测压管液面 ∇_H (10^{-2} m)	压强水头				测压管水头	
				$\dfrac{p_A}{\rho g}=\nabla_H-\nabla_0$ (10^{-2} m)	$\dfrac{p_B}{\rho g}=\nabla_H-\nabla_B$ (10^{-2} m)	$\dfrac{p_C}{\rho g}=\nabla_H-\nabla_C$ (10^{-2} m)	$\dfrac{p_D}{\rho g}=\nabla_H-\nabla_D$ (10^{-2} m)	$z_C+\dfrac{p_C}{\rho g}$ (10^{-2} m)	$z_D+\dfrac{p_D}{\rho g}$ (10^{-2} m)
$p_0=0$									
$p_0>0$									
$p_0<0$ （其中一次 $p_B<0$）									

表 1-2　油的密度测定记录及计算表

条件	次序	水箱液面 ∇_0(10^{-2} m)	测压管 2 液面 ∇_H(10^{-2} m)	$h_1=\nabla_H-\nabla_0$ (10^{-2} m)	$h_2=\nabla_0-\nabla_H$ (10^{-2} m)	$\bar{h}_1$ (10^{-2} m)	$\bar{h}_2$ (10^{-2} m)	$\dfrac{\rho_0}{\rho}=\dfrac{\bar{h}_1}{\bar{h}_1+h_2}$
$p_0>0$，且 U 形管中水面与油水交界面齐平								
$p_0<0$，且 U 形管中水面与油面齐平								

1.2　流体静力学设计性实验及生活工程案例

1.2.1　设计性实验

1.实验目的与要求

通过实验方案的设计与实验,再现流体静力学既经典又具创造性的实用案例;掌握油库液位高度检测与马利奥特容器的工作原理。

2.实验装置

利用 1.1 节中流体静力学综合性实验的装置,如图 1-1 所示。

3.实验原理、内容与方法

(1)油库液位高度检测实验方案设计。

油库液位检测计原理如图 1-4 所示,图中管 AB 内充满压缩空气,若测定测压管中水柱 h,即可由下式确定油库液位高度 H:

$$H = \frac{\rho}{\rho_o}h$$

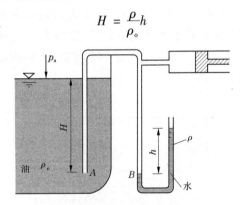

图 1-4　油库液位检测计

现要求利用图 1-1 所示的实验装置,将管 6 端部的小水杯模拟为油库,库内液体为水,设计库液位检测方案,并测定库液位高度 H(提示:用图 1-1 所示的带标尺测压管 2 测量 h)。

(2)马利奥特容器实验方案设计。

马利奥特容器是一种变液位下流速、流量都不随时间变化(恒定流)的供液装置,医院里用的打点滴的吊瓶即为其中一例。如图 1-5 所示,药液经注射针头流向病人受体,当空气经通气管流入倒置的密封瓶中时,瓶中液位从满到浅,但这股液流的流量恒定,即供液滴速始终不随时间变化。其原理是利用进气的作用,使进气管出口处的压强始终保持为一个大气压,即断面 $A—A$ 始终为等于大气压强的等压面,不受瓶中液位高低影响。这种情况就相当于用液位始终保持在 $A—A$ 位置的敞口瓶供液,供液流量必然恒定不变。

现要求利用图 1-1 所示的实验装置,应用测压管和等压面原理,设计马利奥特容器实验的方案,并通过实验确定当减压放水阀 11 打开时,在何种情况下,本实验装置呈现马利奥特容器现象,同时用测压管 1 观测 C 点所在平面的压强变化。

1.2.2　生活工程案例

流体力学既是基础性的学科,又是应用性的学科,它的知识已广泛地应用于生活与工程实际。下面是把流体静力学实验原理应用于生活和工程的两个案例。

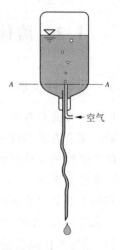

图 1-5　吊瓶

1. 喂食式鱼缸力学原理

在日常生活当中,你可曾见过如图 1-6 所示这种享有专利的鱼缸? 鱼缸上部是密封的,鱼缸内装了许多水,鱼儿在水中自由游弋,在鱼缸中下部开有一喂食槽,槽口处远低于鱼缸内水面。将鱼饵放在手心,从槽口处探入鱼缸内部,鱼儿立刻游到掌心,来争食鱼饵,可鱼缸内的水却未曾从喂食槽口处溢出。看到这,人们不禁在诧异,水怎么就不会从槽口流出来呢? 难道重力作用在这个鱼缸内失效了? 其实不然,由流体静力学知识可知这种鱼缸就是利用了大气压的作用原理。如图 1-6 所示,若沿鱼缸喂食槽水面做一水平面 A—A,该水平面为等于大压强的等压面,则该平面以上部分水体呈负压。因此,只要使鱼缸内部气体为密封状态,并使其达到一定真空度,就可形成如图 1-6 所示的平衡状态。这与装水的杯子倒扣在水缸中,杯内水位虽高于水缸液面,却不会流出的现象相同,读者不妨一试。

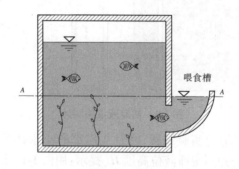

图 1-6　鱼缸

2. 家用饮水机设计原理

为方便饮水,现在许多家庭或者公众场合都配备有方便、卫生的饮水机。善于观察的读者会发现,无论水桶中水是满是浅,饮水机供水的流量始终不变,也就是说它是变液位下的恒定流。显然,这是运用了马利奥特容器原理。图 1-7 所示为饮水机供水原理。

当饮水机供水时,会有空气流入水桶中,对照图 1-7,不难理解,此时进气管的出口处所在水平面等于大气压的等压面,无论水桶中液位如何变化,该等压面位置始终不变,因此出流的流量也不变。

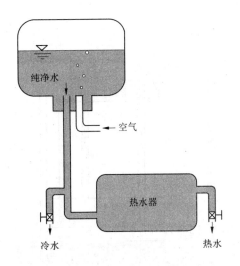

纯净水

←空气

热水器

冷水

热水

图 1-7　饮水机供水原理

1.3　静压传递自动扬水演示实验

1.3.1　实验目的与要求

(1)了解流体静压传递特性、"静压奇观"的工作原理及其产生条件等。

(2)培养学生的实验观察分析能力,拓展创新思维,提高学习兴趣。

1.3.2　实验装置与工作原理

1. 实验装置简图

实验装置及各部分名称如图 1-8 所示。

2. 工作原理

图 1-8 中箭头表示水、气运动方向。具有一定位置势能的上集水箱 4 中的水体经下水管 8 流入下密封压力水箱 9,使箱 9 中表面压强增大,并经通气管 7 等压传至上密封压力水箱 3,箱 3 中的水体在表面压强作用下经过扬水管与喷头 2 喷射到高处。本仪器的喷射高度可达 0.30 m 以上。当箱 9 中的水位到箱顶后,水压继续上升,直到虹吸管 5 工作,使箱 9 中的水体排入下集水箱 12。由于箱 9 与箱 3 中的表面压强同时降低,逆止阀 6 被自动开启,水自箱 4 流入箱 3。这时箱 4 中的水位低于管 8 的进口,当箱 9 中的水体排完以后,箱 4 中的水体在水泵 11 的供给下,亦逐渐漫过管 8 的进口处,于是,第二次扬水循环接着开始。如此周而复始,形成了自循环式静压传递自动扬水的"静压奇观"现象。

3. 使用方法

(1)加水量应使下集水箱中的水位离箱口约 3×10^{-2} m。

(2)打开开关,仪器即自动循环工作。

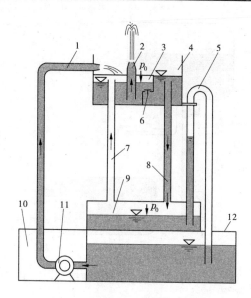

1—供水管;2—扬水管与喷头;3—上密封压力水箱;4—上集水箱;
5—虹吸管;6—逆止阀;7—通气管;8—下水管;9—下密封压力水箱;
10—水泵、电气室;11—水泵;12—下集水箱

图1-8 静压传递自动扬水演示实验装置

1.3.3 实验指导

1. 为什么称为"静压奇观"

因为当扬水喷泉发生后,即使关闭水泵,喷泉也不会马上停止,而是在静压作用下,部分水体仍继续由扬水管喷射到高处,形成了无外界动力作用下水向高处流的奇特现象——"静压奇观"。

2. "静压奇观"不是"永动机"

这难道是"永动机"曙光再现吗? 世界上没有也不可能有"永动机"。那么水怎么能自动流向高处呢? 它做功所需的能量来自何处? 从实验观察可知,有部分水体从上集水箱4落到下密封压力水箱9,使箱内表面压强 p_0 增大,并通过通气管7等压传递给了箱3中的水体,因而使其获得了能量。经能量转换,转换成动能,因而喷向了高处。从总能量来看,在静压传递过程中,只有损耗没有再生,因此"静压奇观"的现象,实际上是一个能量传递与转换的过程。

3. 喷水高度与落差关系

箱4与箱9的落差越大,则箱9与箱3中的表面压强越大,喷水高度也越高。

1.3.4 实验分析讨论

(1)在扬水发生时,关闭水泵,观察扬水现象持续的条件。

(2)能否利用静压扬水原理设计出一个实用设施?

第 2 章　毕托管测速与修正因数标定实验

2.1　实验原理

毕托管测速原理如图 2-1 所示，沿流线取相近两点 A、B，点 A 在未受毕托管干扰处，流速为 u，点 B 在毕托管管口驻点处，流速为 0。流体质点自点 A 流到点 B，其动能转化为位能，使竖管液面升高，超出静压强为 Δh 水柱高度。列沿流线的伯努利方程，忽略 A、B

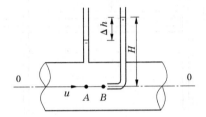

图 2-1　毕托管测速原理

两点间的能量损失，有：

$$0 + \frac{p_1}{\rho g} + \frac{u^2}{2g} = 0 + \frac{p_2}{\rho g} + 0$$

及

$$\frac{p_2}{\rho g} - \frac{p_1}{\rho g} = \Delta h$$

由此得：

$$u = \sqrt{2g\Delta h}$$

考虑到水头损失及毕托管在生产中的加工误差，由上式得出的流速须加以修正。毕托管测速公式为：

$$u = c\sqrt{2g\Delta h} = k\sqrt{\Delta h} \tag{2-1}$$

即

$$k = c\sqrt{2g}$$

另外，对于管嘴淹没出流，管嘴作用水头、流速系数与流速之间又存在着如下关系：

$$u = \varphi'\sqrt{2g\Delta H} \tag{2-2}$$

联解式（2-1）、式（2-2）得：

$$\varphi' = c\sqrt{\Delta h/\Delta H}$$

因此，本实验仪只要测出 Δh 与 ΔH，便可测得点流速系数 φ'，与实际流速系数（经验值 $\varphi = 0.995$）比较，便可得出测量精度。

若需标定毕托管因数 c，则有：

$$c = \varphi'\sqrt{\Delta H/\Delta h}$$

2.2　实验装置

本实验装置如图 2-2 所示。

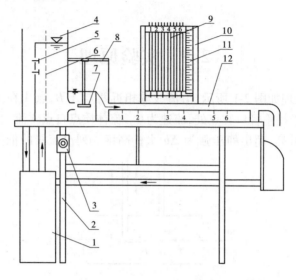

1—自循环供水器;2—实验台;3—可控硅无级调速器;4—恒压水箱;5—水位调节阀;6—稳水孔板;
7—毕托管;8—尾水箱与导轨;9—测压管;10—测压计;11—滑动测量尺;12—上回水管

图 2-2　毕托管实验装置

2.3　实验目的与要求

(1)测量管嘴淹没出流点流速及点流速系数,掌握用毕托管测量点流速的技能。

(2)了解毕托管的构造和适用性,并检验其量测精度,进一步明确传统流体力学量测仪器的作用。

2.4　实验方法和步骤

(1)准备。

①熟悉实验装置各部分名称、作用性能,搞清构造特征、实验原理。

②用医用塑料软管将上下游水箱测点分别与测管 1、2 连通。

③将毕托管对准管嘴,距离管嘴 2～3 cm 处,上紧固螺丝。

(2)开启水泵,顺时针打开调速器开关,将流量调至最大。

(3)排气,待上下游溢流后,用吸气球在测压管口抽吸,排出毕托管及连通管中的气体,用静水匣罩住毕托管,检查测压计液面是否齐平,如不齐平,重新进行排气。

(4)测记有关实验常数和实验参数,填入实验表格。

(5)改变流速 3 次,重复测量。

（6）完成下述实验项目：分别沿竖向及流向改变测点的位置，观察管嘴的淹没射流流速分布。

（7）实验结束时，按步骤（3）检查毕托管测压计是否齐平。

2.5　实验成果及要求

（1）记录有关信息及实验常数。

实验台号：_____；

实验日期：_____；

校正系数：$c = $_____，$k = $_____ $cm^{0.5}/s$。

（2）实验数据记录及计算结果，见表 2-1。

表 2-1　记录计算表

实验次序	上、下游水位计			毕托管测压计			测点流速 $u = k\sqrt{\Delta h}$（cm/s）	测点流速系数 $\varphi' = c\sqrt{\Delta h/\Delta H}$
	h_1（cm）	h_2（cm）	ΔH（cm）	h_3（cm）	h_4（cm）	Δh（cm）		
1								
2								
3								

2.6　实验分析与讨论

（1）利用测压管测量点压强时，为什么要排气？怎样检验排净与否？

（2）毕托管的动压水头 Δh 和管嘴上下游水位差 ΔH 之间的大小关系怎样？为什么？

（3）为什么在光、声、电技术高度发展的今天仍用毕托管这一传统的测速仪器？

第3章　文丘里综合性实验

3.1　实验原理

文丘里流量计是一种常用的两侧有压管流量的装置,见图 3-1,属压差式流量计。它包括收缩段、喉管和扩散段三部分,安装在需要测定流量的管道上。在收缩段进口断面 1—1 和喉管断面 2—2 上设测压孔,并接上气 – 水压差计,通过测量两个断面的测压管水头差 Δh,就可计算管道的理论流量,再经修正得到实际流量。

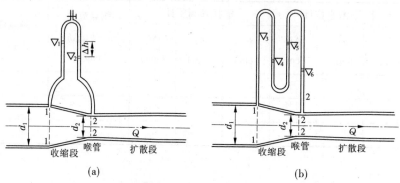

图 3-1　文丘里流量计

理论流量(以图 3-1(a)为例):水流从 1—1 断面到达 2—2 断面,由于过水断面的收缩,流速增大,根据恒定总流能量方程,若不考虑水头损失,速度水头的增加等于测管水头的减小(压差计液面高差 Δh),这样我们就通过量测到的 Δh 建立了两断面平均流速 v_1 和 v_2 之间的关系:

$$\Delta h = h_1 - h_2 = \left(z_1 + \frac{p_1}{\rho g}\right) - \left(z_2 + \frac{p_2}{\rho g}\right) = \frac{\alpha_2 v_2^2}{2g} - \frac{\alpha_1 v_1^2}{2g}$$

如果我们假设动能修正系数 $\alpha_1 = \alpha_2 = 1.0$,则:

$$\left(z_1 + \frac{p_1}{\rho g}\right) - \left(z_2 + \frac{p_2}{\rho g}\right) = \frac{v_2^2}{2g} - \frac{v_1^2}{2g}$$

由恒定总流连续方程有:

$$A_1 v_1 = A_2 v_2, \quad 即 \frac{v_1}{v_2} = \left(\frac{d_2}{d_1}\right)^2$$

所以:

$$\frac{v_2^2}{2g} - \frac{v_1^2}{2g} = \frac{v_2^2}{2g}\left[1 - \left(\frac{d_2}{d_1}\right)^4\right]$$

于是:

$$\Delta h = \frac{v_2^2}{2g} - \frac{v_1^2}{2g} = \frac{v_2^2}{2g}\Big[1 - \Big(\frac{d_2}{d_1}\Big)^4 \Big]$$

解得：

$$v_2 = \frac{1}{\sqrt{1 - \Big(\frac{d_2}{d_1}\Big)^4}}\sqrt{2g\Delta h}$$

最终得到理论流量为：

$$Q_{理} = v_2 A_2 = \frac{\frac{\pi}{4}d_2^2}{\sqrt{1 - \Big(\frac{d_2}{d_1}\Big)^4}}\sqrt{2g\Delta h} = K\sqrt{\Delta h}$$

$$K = \frac{\pi d_2^2}{4}\sqrt{2g}\Big/ \sqrt{1 - \Big(\frac{d_2}{d_1}\Big)^4} = \frac{\pi}{4}d_1^2\sqrt{2g}\Big/ \sqrt{(d_1/d_2)^4 - 1}$$

式中：Δh 为两断面测压管水头差。

由于阻力的存在，实际通过的流量 $Q_{实}$ 恒小于 $Q_{理}$，引入一无量纲系数（文丘里流量系数 μ）：

$$Q_{实} = \mu Q_{理} = \mu K\sqrt{\Delta h}$$

3.2　实验装置

本实验的装置如图 3-2 所示。

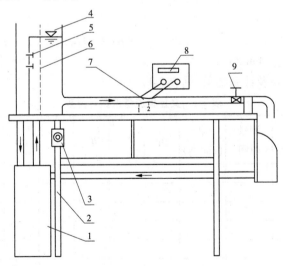

1—自循环供水器；2—实验台；3—可控硅无级调速器；4—恒压水箱；5—水位调节阀；
6—稳水孔板；7—文丘里实验管段；8—测压计；9—实验流量调节阀

图 3-2　文丘里流量计实验装置

3.3　实验目的

(1)测定文丘里流量系数。

(2)通过实验与量纲分析,了解应用量纲分析与实验结合研究水力学问题的途径,进而掌握文丘里流量计的水力特性。

3.4　实验方法与步骤

(1)测记各有关常数。

(2)打开电源开关,全开实验流量调节阀9,排出管道内气体后再全关阀9。

(3)旋开电位仪稳压筒上的两排气旋钮至溢水后关闭并旋紧。电测仪调零。

(4)全开调节阀9,待水流稳定后,读取电测仪读数(若有波动取平均值),用秒表、小桶测定流量,并把测量值记入表格内。

(5)逐次关小阀门,改变流量7~9次,重复步骤(4),注意缓慢调节阀门。

(6)实验结束全关阀9,观察电测仪是否归零;若不归零重新实验。

3.5　实验成果及要求

(1)记录有关信息及实验常数。

实验台号:_____;

实验日期:_____;

有关常数:$d_1 =$ _____ cm, $d_2 =$ _____ cm, $K =$
_____ cm³/s。

(2)实验数据记录及计算结果,见表3-1。

表 3-1　文丘里流量系数计算表

实验次序	电测仪读数	水量(cm³)	测量时间	Q(cm³/s)	h_1	h_2	h_3	h_4	Δh	$Q' = K\sqrt{\Delta h}$(cm³/s)	$\mu = \dfrac{Q}{Q'}$
1											
2											
3											
4											
5											
6											
7											
8											
9											

(3)绘制 Q—Δh 图。

3.6　实验分析与讨论

(1)本实验中,影响文丘里流量系数大小的因素有哪些? 哪个因素最敏感? 对本实验而言,若因加工精度影响,误将$(d_2 - 0.01)$cm 值取代 d_2 值时,本实验在最大流量下的 μ 值将变为多少?

(2)为什么计算流量 Q' 与理论流量 Q 不相等?

(3)试用量纲分析法阐明文丘里流量计的水力特性。

(4)文丘里管喉管处容易产生真空,允许最大真空值为 6 ~ 7 mH$_2$O。工程中应用文丘里管时,应检验其最大真空度是否在允许的范围内。根据你的实验成果,分析本实验流量计喉管处最大真空值。

第4章　恒定总流伯努利方程综合性实验

4.1　实验原理

(1)理想、不可压缩流体恒定总流的两个断面上总水头相等,即:

$$z_1 + \frac{p_1}{\gamma} + \frac{u_1^2}{2g} = z_2 + \frac{p_2}{\gamma} + \frac{u_2^2}{2g}$$

(2)毕托管利用测压管和总压管(测速管)测得总水头和测压管水头之差——流速水头,可用来测量流场中某点的流速。

(3)在渐变流过水断面上,惯性力的分量为零,所以同一个有固体边界约束的渐变流过水断面上,压强分布规律与静水中是一样的,即测管水头为常数。

(4)在急变流段中,因惯性力在过水断面上有分量,所以过水断面上测压管水头为常数的结论不成立。

(5)理想、不可压缩流体恒定总流的能量方程为:

$$z_1 + \frac{p_1}{\gamma} + \frac{\alpha_1 v_1^2}{2g} = z_2 + \frac{p_2}{\gamma} + \frac{\alpha_2 v_2^2}{2g}$$

其中,1—1、2—2 两个过水断面应处于渐变流段中,α_1、α_2 分别是两断面的动能修正系数。若考虑实际(黏性)流体流动时的能量损失,则:

$$z_1 + \frac{p_1}{\gamma} + \frac{\alpha_1 v_1^2}{2g} = z_2 + \frac{p_2}{\gamma} + \frac{\alpha_2 v_2^2}{2g} + h_{w1-2}$$

断面 1—1 是上游断面,断面 2—2 是下游断面,h_{w1-2} 为断面 1—1、2—2 之间单位重量流体的能量损失,包括沿程水头损失和局部水头损失。

(6)恒定总流能量方程的各项都是长度量纲,所以可将它们的沿程变化用几何表示出来,称为水头线。

4.2　实验装置

本实验的装置如图4-1所示。

4.3　实验目的与要求

(1)验证流体恒定总流的能量方程。

(2)通过对动水力学诸多水力现象的分析讨论,进一步掌握有压管流中动水力学的能量转换特性。

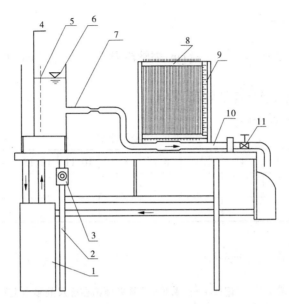

1—自循环供水器;2—实验台;3—可控硅无级调速器;4—溢流板;5—稳水孔板;6—恒压水箱;
7—测压点(共有 19 个测点,对应 19 根测管);8—测压管;9—滑动测量尺;10—实验管道;11—实验流量调节阀

图 4-1 自循环能量方程实验装置

(3)掌握流速、流量、压强等动水力学水力要素的实验量测技能。

4.4 实验方法与步骤

(1)熟悉实验设备,区分毕托管与普通测压管并了解其功能。

(2)打开供水开关,使水箱充水至溢流,检查调节阀关闭后所有测压管水面是否齐平;如不齐平,检查故障原因并加以排除,直至调平。

(3)打开阀 11,观察思考:

①测压管水头线和总水头线的变化趋势。

②位置水头、压强水头之间的相互关系。

③测点 2、3 测管水头是否相同? 为什么?

④测点 12、13 测管水头是否不同? 为什么?

⑤当流量增加或减少时,测管水头如何变化?

(4)调节阀 11 开度,待流量稳定后,测记各测压管液面读数,同时测记实验流量(毕托管供演示用,不必测记)。

(5)改变流量 2 次(从大到小),重复上述测量。其中一次阀门开度达到使 19 号测管液面接近标尺零点。

4.5 实验成果及要求

(1)记录有关信息及实验常数。

实验台号：_____；

实验日期：_____；

有关常数：均匀段 $D_1 = $ _____ cm，缩管段 $D_2 = $ _____ cm，扩管段 $D_3 = $ _____

cm。

（2）实验数据记录及计算结果。

①管径记录表见表4-1。

表4-1　管径记录表

测点编号	1	2、3	4	5	6、7	8、9	10、11	12、13	14、15	16、17	18、19
管径（cm）											
间距（cm）											

②量测 $(z + \dfrac{p}{\gamma})$ 并记入表4-2。

表4-2　测记 $(z + \dfrac{p}{\gamma})$ 数值表（基准面选在标尺的零点上）

测点编号		1	2	3	4	5	7	9	10	11	13	15	17	19	$Q(cm^3/s)$
实验次序	1														
	2														
	3														

③计算流速水头和总水头，见表4-3。

表4-3　能量方程实验计算数值表

（a）流速水头

管径 d（cm）	$Q_1 = $ ____ cm³/s			$Q_2 = $ ____ cm³/s			$Q_3 = $ ____ cm³/s		
	A（cm³）	v（cm/s）	$\dfrac{v^2}{2g}$（cm）	A（cm³）	v（cm/s）	$\dfrac{v^2}{2g}$（cm）	A（cm³）	v（cm/s）	$\dfrac{v^2}{2g}$（cm）

（b）总水头 $(z + \dfrac{p}{\gamma} + \dfrac{\alpha v^2}{2g})$

测点编号		1	2、3	4	5	7	9	10	11	13	15	17	19	$Q(cm^3/s)$
实验次序	1													
	2													
	3													

（3）绘制上述成果中最大流量下的总水头线和测压管水头线（可自选比例绘制）。

4.6　成果分析及讨论

（1）根据实验分析,测压管水头线和总水头线的变化趋势有何不同? 为什么?

（2）根据本实验研究分析,测压管水头线有何变化? 为什么?

（3）测点 2、3 和测点 10、11 的测压管读数分别说明了什么问题?

（4）由毕托管测量显示的总水头线与实测绘制的总水头线一般都有差异,分析其原因。

第 5 章　动量定律综合性实验

5.1　实验原理

恒定总流动量方程为：

$$\vec{F} = \rho Q(\beta_2 \vec{v_2} - \beta_1 \vec{v_1})$$

因滑动摩擦阻力水平分力 $f_x < 5\% F_x$，可忽略不计，故 x 方向的动量方程化为：

$$F_x = -p_c A = -\gamma h_c \frac{\pi}{4} D^2 = \rho Q(0 - \beta_1 v_{1x})$$

即：

$$\beta_1 \rho Q v_{1x} - \gamma h_c \frac{\pi}{4} D^2 = 0$$

式中：h_c 为作用在活塞形心处的水深；D 为活塞的直径；Q 为射流流量；v_{1x} 为射流的速度；β_1 为动量修正系数。

实验中，在平衡状态下，只要测得流量 Q 和活塞形心水深 h_c，由给定的管嘴直径 d、活塞直径 D，代入上式，便可率定射流的动量修正值 β_1，并验证动量定律。其中，测压管的标尺零点已固定在活塞的形心处，因此液面标尺读数即为作用在活塞形心处的水深。

5.2　实验装置

本实验的装置如图 5-1 所示。

自循环供水器 1 由离心式水泵和蓄水箱组合而成。水泵的开启、流量大小的调节均由调速器 3 控制。水流经供水管供给恒压水箱 5，溢流水经回水管流回蓄水箱。流经管嘴 6 的水流形成射流，冲击带活塞和翼片的抗冲平板 9，并以与入射角成 90°的方向离开抗冲平板。抗冲平板在射流冲力和测压管 8 中的水压力作用下处于平衡状态。活塞形心水深 h_c 可由测压管 8 测得，由此可求得射流的冲力，即动量力 F。冲击后的弃水经集水箱 7 汇集后，再经上回水管 10 流出，最后经漏斗和下回水管流回蓄水箱。

为了自动调节测压管内的水位，以使带活塞的平板受力平衡并减小摩擦阻力对活塞的影响，本实验装置应用了自动控制的反馈原理和动摩擦减阻技术，其构造如下：

带活塞和翼片的抗冲平板 9 和带活塞套的测压管 8 如图 5-2(a)所示，该图是活塞退出活塞套时的分部件示意图。活塞中心设有一细导水管 a，进口端位于平板中心，出口端伸出活塞头部，出口方向与轴向垂直。在平板上设有翼片 b，活塞套上设有窄槽 c。

工作时，在射流冲击力作用下，水流经导水管 a 向测压管加水。当射流冲击力大于测压管内水柱对活塞的压力时，活塞内移，窄槽 c 关小，水流外溢减少，使测压管内水位升

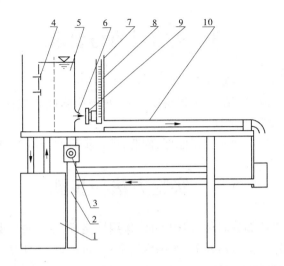

1—自循环供水器;2—实验台;3—可控硅无级调速器;4—水位调节阀;5—恒压水箱;
6—管嘴;7—集水箱;8—带活塞套的测压管;9—带活塞和翼片的抗冲平板;10—上回水管

图 5-1　恒定流动量定律实验装置

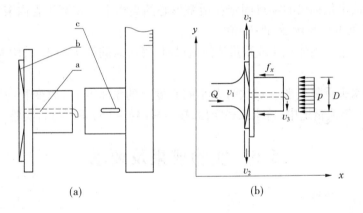

图 5-2　实验装置原理

高,水压力增大;反之,活塞外移,窄槽开大,水流外溢增多,测压管内水位降低,水压力减小。在恒定射流冲击下,经短时段的自动调节即可达到射流冲击力和水压力的平衡状态。这时活塞处在半进半出、窄槽部分开启的位置上,过 a 流进测压管的水量和过 c 外溢的水量相等。由于平板上设有翼片 b,在水流冲击下,平板带动活塞旋转,因而克服了活塞在沿轴向滑移时的静摩擦力。

　　为验证本装置的灵敏度,只要在实验中的恒定流受力平衡状态下,人为地增减测压管中的液位高度,可发现即使改变量不足总液柱高度的 5‰(0.5~1 mm),活塞在旋转下亦能有效地克服动摩擦力而做轴向位移,开大或减小窄槽 c,使过高的水位降低或过低的水位提高,恢复到原来的平衡状态。这表明该装置的灵敏度高达 0.5‰,亦即活塞轴向动摩擦力不足总动量力的 5‰。

5.3　实验目的与要求

(1)验证不可压缩流体恒定流的动量方程。

(2)通过对动量与流速、流量、出射角度、动量矩等因素间相关性的分析研讨,进一步掌握流体动力学的动量守恒定理。

(3)了解活塞式动量定律实验仪原理、构造,进一步启发与培养创造性思维能力。

5.4　实验方法与步骤

(1)熟悉实验装置各部分名称、结构特征、作用性能,记录有关常数。

(2)开启水泵。打开调速器开关,水泵启动 2 ~ 3 min 后,关闭 2 ~ 3 s,以利用回水排出离心式水泵内滞留的空气。

(3)调整测压管位置。待恒压水箱满顶溢流后,松开测压管固定螺丝,调整方位,要求测压管垂直、螺丝对准十字中心,使活塞转动松快。然后旋转螺丝固定好。

(4)将测读水位标尺的零点固定在活塞形心的高程上。在测压管内液面稳定后,记下测压管内液面的标尺读数,即 h_c 值。

(5)测量流量。用体积法或重量法测流量时,每次时间要求约 20 s,均需重复测两次取平均值。

(6)改变水头重复实验。逐次打开不同高度上的溢水孔盖,改变管嘴的作用水头。调节调速器,使溢流量适中,待水头稳定后,按步骤(4) ~ (5)重复进行实验。

5.5　实验成果及要求

(1)记录有关常数。

管嘴内径 $d =$ _____ cm,活塞直径 $D =$ _____ cm。

(2)设计实验参数记录及计算表,并填入实测数据,见表 5-1。

表 5-1　实验参数记录及计算表

实验次序	体积 V	时间 T	管嘴作用水头 H_0	活塞作用水头 h_c	流量 Q	流速 v	动量力 F	动量修正系数 β_1
1								
2								
3								

5.6　实验分析与讨论

(1)实测 $\bar{\beta}$(平均动量修正系数)与公认值($\beta = 1.02 \sim 1.05$)符合与否? 如不符合,试分析原因。

(2)带翼片的平板在射流作用下获得力矩,这对分析射流冲击无翼片的平板沿 x 方向的动量方程有无影响? 为什么?

(3)滑动摩擦力 f_x 为什么可以忽略不计? 试用实验来分析验证 f_x 的大小,记录观察结果(提示:平衡时,向测压管内加入或取出 1 mm 左右深的水量,观察活塞及液位的变化)。

第6章　雷诺实验

6.1　实验目的与要求

(1)观察层流、湍流的流态及其转换过程。

(2)测定临界雷诺数,掌握圆管流态判别准则。

(3)学习应用量纲分析法进行实验研究的方法,确定非圆管流的流态判别准则。

6.2　实验装置

6.2.1　实验装置简图

实验装置及各部分名称如图6-1所示。

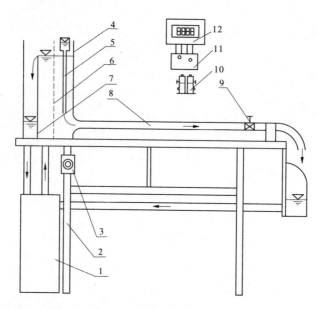

1—自循环供水器;2—实验台;3—可控硅无级调速器;4—恒压水箱;5—有色水水管;6—稳水孔板;
7—溢流板;8—实验管道;9—实验流量调节阀;10—稳压筒;11—传感器;12—智能化数显流量仪

图6-1　雷诺实验装置

6.2.2　装置说明与操作方法

供水流量由无级调速器调控,使恒压水箱4始终保持微溢流的程度,以提高进口前水体稳定度。本恒压水箱设有多道稳水隔板,可使稳水时间缩短到 3~5 min。有色水经有色水水管 5 注入实验管道 8,可据有色水散开与否判别流态。为防止自循环水污染,有色水采用自行消色的专用色水。实验流量由调节阀 9 调节。流量由智能化数显流量仪测量,使用时须先排气调零,所显示的值为一级精度瞬时流量值,详见伯努利方程实验。水温由数显温度计测量显示。

6.3　实验原理

1883 年,雷诺(Osborne Reynolds)采用类似于图 6-1 所示的实验装置,观察到液流中存在着层流和湍流两种流态:流速较小时,水流有条不紊地呈层状有序的直线运动,流层间没有质点混掺,这种流态称为层流;当流速增大时,流体质点做杂乱无章的无序的直线运动,流层间质点混掺,这种流态称为湍流。雷诺实验中还发现存在湍流转变为层流的临界流速 v_k, v_k 与流体的运动黏度 ν、圆管的直径 d 有关。若要判别流态,就要确定各种情况下的 v_k 值,需要对这些相关因素的不同量值做出排列组合,再分别进行实验研究,工作量巨大。雷诺实验的贡献不仅在于发现了两种流态,还在于运用量纲分析的原理,得出了量纲为 1 的判据——雷诺数 Re,使问题得以简化。量纲分析如下:

因为:
$$v_k = f(\nu, d)$$

根据量纲分析法有:
$$v_k = k_c \nu^{\alpha_1} d^{\alpha_2}$$

其中,k_c 是量纲为 1 的数。

写成量纲关系为:
$$[LT^{-1}] = [L^2 T^{-1}]^{\alpha_1} [L]^{\alpha_2}$$

由量纲和谐原理,得 $\alpha_1 = 1$, $\alpha_2 = -1$。

即:
$$v_k = k_c \frac{\nu}{d} \text{ 或 } k_c = \frac{v_c d}{\nu}$$

雷诺实验完成了管流的流态从湍流过渡到层流时的临界值 k_c 的测定,以及是否为常数的验证,结果表明 k_c 值为常数。于是,量纲为 1 的数 $\dfrac{vd}{\nu}$ 便成了适用于任何管径、任何牛顿流体的流态由湍流转变为层流的判据。由于雷诺的贡献,$\dfrac{vd}{\nu}$ 被定名为雷诺数 Re。于是有:

$$Re = \frac{vd}{\nu} = \frac{4q_v}{\pi \nu d} = K q_V$$

式中:v 为流体流速;ν 为流体运动黏度;d 为圆管直径;q_v 为圆管内过流流量;K 为计算常数,$K = \dfrac{4}{\pi \nu d}$。

当流量由大逐渐变小,流态从湍流变为层流时,对应一个下临界雷诺数 Re_c;当流量由零逐渐增大,流态从层流变为湍流时,对应一个上临界雷诺数 Re'_c。上临界雷诺数受外界干扰,数值不稳定,而下临雷诺数 Re_k 值比较稳定,因此一般以下临界雷诺数作为判别流态的标准。雷诺经反复测试,得出圆管流动的下临界雷诺数 Re_k 值为 2 300。工程上,一般取 $Re_k = 2\,000$。当 $Re < Re_k$ 时,管中液流为层流;反之为湍流。

对于非圆管流动,雷诺数可以表示为:

$$Re = \frac{vR}{\nu}$$

式中:$R = A/\chi$,R 为过流断面的水力半径,A 为过流断面面积,χ 为湿周(过流断面上液体与固体边界接触的长度)。

以水力半径作为特征长度表示的雷诺数也称为广义雷诺数。

6.4　实验内容与方法

6.4.1　定性观察两种流态

启动水泵供水,使水箱溢流,稳定后,微开流量调节阀,打开有色水水管的阀门,注入有色水,可以看到圆管中有色水随水流流动形成一直线状,这时的流态即为层流。进一步开大流量调节阀,当流量增大到一定程度时,可见管中有色水发生混掺,直至消色。这表明流体质点已经发生无序的杂乱运动,这时的流态即为湍流。

6.4.2　测定下临界雷诺数

先调节管中流态呈湍流状,再逐步关小调节阀,每调节一次流量后,稳定一段时间并观察其形态,当有色水开始形成一直线时,表明由湍流刚好转为层流,此时管流即为下临界流动状态。测定流量,记录数显温度计所显示的水温值,即可得出下临界雷诺数。注意,接近下临界流动状态时,流量应微调,调节过程中流量调节阀只可关小,不可开大。

6.4.3　测定上临界雷诺数

先调节管中流态呈层流状,再逐步开大调节阀,每调节一次流量后,稳定一段时间并观察其形态,当有色水开始散开混掺时,表明由层流刚好转为湍流,此时管流即为上临界流动状态。记录智能化数显流量仪的流量值及水温,即可得出上临界雷诺数。注意,流量应微调,调节过程中流量调节阀只可开大,不可关小。

6.4.4　分析设计实验

任何截面形状的管流或明渠流、任何牛顿流体流动的流态转变临界流速 v_k 与运动黏度 ν、水力半径 R 有关。要求通过量纲分析确定其广义雷诺数。设计测量明渠广义下临界雷诺数的实验方案,并根据上述圆管实验的结果得出广义下临界雷诺数值。

6.5　数据处理及成果要求

(1)记录有关信息及实验常数。

实验设备名称:_____;

实验台号:_____;

实验者:_____;

实验日期:_____;

管径 $d = $ _____ $\times 10^{-2}$ m;

水温 $t = $ _____℃;

运动黏度 $\nu = \dfrac{0.017\ 75 \times 10^{-4}}{1 + 0.033\ 7t + 0.000\ 221t^2}$ (m^2/s) = _____ $\times 10^{-4}$ m^2/s;

计算常数 $K = $ _____ $\times 10^6$ s/m^3。

(2)实验数据记录及计算结果,见表6-1。

表 6-1　实验数据记录及计算表

实验次序	有色水线形状	流量 q_V (10^{-6} m^3/s)	雷诺数 Re	阀门开度增(↑)或减(↓)	备注
1					
2					
3					
4					
5					
6					
7					

实测下临界雷诺数(平均值) $\overline{Re}_{\mathrm{c}} = $

(3)成果要求。

①测定下临界雷诺数(测量 2~4 次,取平均值)。

②测定上临界雷诺数(测量 1~2 次,分别记录)。

③确定广义雷诺数表达式及圆管流的广义下临界雷诺数实测数值。

6.6　分析思考题

(1)为何认为上临界雷诺数无实际意义,而采用下临界雷诺数作为层流与湍流的判据?

(2)试结合紊动机制实验的观察,分析由层流过渡到湍流的机制。

6.7　注意事项

(1)为使实验过程中始终保持恒压水箱内水流处于微溢流状态,应在调节流量调节阀后,相应调节可控硅调速器,改变水泵的供水流量。

(2)实验中不要推、压实验台,以防水体受到扰动。

第 7 章 沿程水头损失实验

7.1 实验原理

（1）对于通过直径不变的圆管的恒定流,沿程水头损失为:

$$h_f = \left(z_1 + \frac{p_1}{\rho g}\right) - \left(z_2 + \frac{p_2}{\rho g}\right) = \Delta h$$

即上、下游量测断面的压差计读数差。沿程水头损失也常表达为:

$$h_f = \lambda \frac{l}{d} \frac{v^2}{2g}$$

式中:λ 为沿程水头损失系数;l 为上、下游量测断面之间的管段长度;d 为管道直径;v 为断面平均流速。

若在实验中测得 Δh 和断面平均流速,则可直接得到沿程水头损失系数:

$$\lambda = \frac{\Delta h}{\dfrac{l}{d}\dfrac{v^2}{2g}} = \frac{2gd \cdot \Delta h}{l}\left(\frac{\pi}{4}d^2 / Q^2\right) = K\frac{h_f}{Q^2}$$

$$K = \pi^2 g d^5 / (8l)$$

（2）不同流动形态及流区的水流,其沿程水头损失与断面平均流速的关系是不同的。层流流动中的沿程水头损失与断面平均流速的 1 次方成正比;湍流流动中的沿程水头损失与断面平均流速的 1.75 ~ 2.0 次方成正比。

（3）沿程水头损失系数 λ 是相对粗糙度 $\dfrac{\Delta}{d}$ 和雷诺数 Re 的函数,$Re = \dfrac{vd}{\nu}$。

（4）圆管层流流动 $\lambda = \dfrac{64}{Re}$;圆管湍流的沿程水头损失系数 λ 按相应的经验公式计算。

7.2 实验装置

本实验的装置如图 7-1 所示。

7.3 实验目的与要求

（1）了解圆管层流和湍流的沿程水头损失随断面平均流速变化的规律。

（2）掌握管道沿程阻力系数的量测技术和应用气 – 水压差计及电测仪测量压差的方法。

（3）将测得的 Re—λ 关系与莫迪图对比,分析其合理性,进一步提高实验成果分析能力。

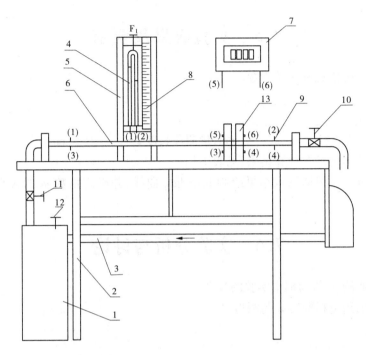

1—自循环高压恒定全自动供水器;2—实验台;3—回水管;4—气 - 水压差计;5—测压计;6—实验管道;
7—电子测压仪;8—滑尺;9—测压点;10—实验流量调节阀;11—供水管与供水阀;12—旁通管与旁通阀;13—稳压筒

图 7-1　沿程水头损失实验装置

7.4　实验方法与步骤

7.4.1　实验装置进行排气

（1）对照装置图和说明搞清各组成部件的名称、作用及其工作原理;检查水箱水位是否够高,否则予以补水;记录有关实验常数（工作管内径及实验管道长看水箱铭牌）。

（2）接通电源,启动水泵,全开供水阀 11,打开调节阀 10,反复开关调节阀几次,排出实验管道中的气体。

（3）将旁通阀半开,关闭调节阀 10,旋开电位仪稳压筒上两排气旋钮,待溢水后再关闭旋紧。然后全开旁通阀,将电测仪调零。

7.4.2　实验量测

（1）逐次开大调节阀 10,每次调节流量时需稳定 2 ~ 3 min,流量越小稳定时间越长。先记录压差及水温,再测流量,测流时间不小于 8 ~ 10 s;

（2）压差在 1 ~ 3 cm 时,测量 2 组数据;而后压差以 10 cm 左右递增测量 5 组数据;以 20 cm 左右递增测量 4 组数据;以 30 cm 左右递增测量 3 组数据。

（3）实验结束时全关调节阀 10,检查电测仪是否归零;若不归零,需重新实验。

7.5　实验成果及要求

(1)记录有关信息及实验常数。

实验台号:＿＿＿＿＿＿＿＿＿＿＿＿;

实验日期:＿＿＿＿＿＿＿＿＿＿＿＿;

有关常数:管直径 $d =$ ＿＿＿＿＿＿ cm,量测段长度 $l =$ ＿＿＿＿＿＿ cm。

(2)实验数据记录及计算结果,见表7-1。

(3)绘图分析。根据测量结果绘制 $\lg v$—$\lg h_f$ 曲线,并确定指数 m 的大小(在厘米纸上绘制)。

7.6　实验分析与讨论

(1)根据实测 m 值判别本实验的流区。

(2)管道的当量粗糙度如何测得?

表 7-1　沿程水头损失记录及计算表（常数 $K = $ _____ cm^5/s^2）

测次	体积 (cm^3)	时间 (s)	流量 Q (cm/s)	流速 v (cm/s)	水温 $(℃)$	黏度 ν (cm^2/s)	雷诺数 Re	测压计 读数 Δh (cm)	沿程水头 损失 $h_f(cm)$	沿程水头 损失系数 λ	$Re < 2\,000$ $\lambda = \dfrac{64}{Re}$
1											
2											
3											
4											
5											
6											
7											
8											
9											
10											
11											
12											
13											
14											

第 8 章　局部水头损失实验

8.1　实验原理

(1)有压管道恒定流遇到管道边界突变的情况时,流动会分离形成剪切层,剪切层流动不稳定,引起流动结构的重新调整,并产生漩涡,平均流动能量转化为脉动能量,造成不可逆的能量耗散。这部分损失可以看成是集中损失,在管道边界的突变处,每单位重量流体承担的这部分能量损失称为局部水头损失。

(2)列局部阻力前后两断面的能量方程,根据推导条件,减去沿程水头损失可得以下公式。

①突然扩大。

采用三点法计算,下式中 h_{f1-2} 由 h_{f2-3} 按流长比例换算得出。

实测:

$$h_{jk} = \left[\left(z_1 + \frac{p_1}{\gamma} \right) + \frac{\alpha v_1^2}{2g} \right] - \left[\left(z_1 + \frac{p_2}{\gamma} \right) + \frac{\alpha v_2^2}{2g} + h_{f1-2} \right]$$

$$\xi_k = h_{jk} \bigg/ \frac{\alpha v_1^2}{2g}$$

理论:

$$\xi_k' = \left(1 - \frac{A_1}{A_2} \right)^2$$

$$h_{jk}' = \xi_k' \frac{v_1^2}{2g}$$

②突然缩小。

采用四点法计算,下式中 B 点为突缩点,h_{f4-B} 由 h_{f3-4} 换算得出,h_{fB-5} 由 h_{f5-6} 换算得出。

实测:

$$h_{js} = \left[\left(z_4 + \frac{p_4}{\gamma} \right) + \frac{\alpha v_4^2}{2g} - h_{f4-B} \right] - \left[\left(z_5 + \frac{p_5}{\gamma} \right) + \frac{\alpha v_5^2}{2g} + h_{fB-5} \right]$$

$$\xi_s = h_{js} \bigg/ \frac{v_5^2}{2g}$$

理论:

$$\xi_s' = 0.5 \left(1 - \frac{A_5}{A_3} \right)$$

$$h_{js}' = \xi_s' \frac{v_5^2}{2g}$$

8.2　实验装置

实验管道由小、大、小三种已知管径的管道组成,共设有 6 个测压孔,测孔 1 ~ 3 和 4 ~ 6分别测量突然扩大和突然缩小的局部阻力系数。其中,测孔 1 位于突然扩大界面处,用于测量小管出口压强值。

局部阻力实验装置如图 8-1 所示。

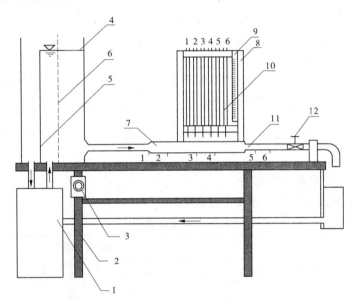

1—自循环供水器;2—实验台;3—可控硅无级调速器;4—恒位水箱;5—溢流板;6—稳水孔板;
7—突然扩大实验管段;8—测压计;9—滑动测量尺;10—测压管;11—突然缩小实验管段;12—流量调节阀
图 8-1　局部阻力实验装置

8.3　实验目的

(1)掌握三点法、四点法量测局部水头损失及测算局部阻力系数的方法技能。

(2)通过对圆管突然扩大局部阻力系数的包达公式和突然缩小局部阻力系数的经验公式之实验验证与分析,熟悉用理论分析和经验法建立函数式的途径。

(3)加深对局部损失机制的理解。

8.4　实验方法与步骤

(1)测记实验有关常数。

(2)打开电子调速器开关,使恒压水箱充水,排出实验管道中的滞留气体。待水箱溢流后,检查泄水阀全关时,各测压管液面是否齐平,若不齐平,则需排气调平。

（3）打开泄水阀至最大开度,待流量稳定后,测记测压管读数,同时用体积法或电测法测记流量。

（4）改变泄水阀开度 3~4 次,分别测记测压管读数及流量。

（5）实验完成后,关闭泄水阀,检查测压管液面是否齐平,若不齐平需重做。

8.5　实验成果及要求

（1）记录有关信息及实验常数。

实验台号:＿＿＿＿＿＿＿＿＿＿＿＿;

实验日期:＿＿＿＿＿＿＿＿＿＿＿＿;

有关常数:$d_1 = D_1 = $ ＿＿＿＿＿ cm,$d_2 = d_3 = d_4 = D_2 = $ ＿＿＿＿＿ cm,$d_5 = d_6 = D_3 = $ ＿＿＿＿＿ cm,$l_{1-2} = $ ＿＿＿＿＿ cm,$l_{2-3} = $ ＿＿＿＿＿ cm,$l_{3-4} = $ ＿＿＿＿＿ cm,$l_{4-B} = $ ＿＿＿＿＿ cm,$l_{B-5} = $ ＿＿＿＿＿ cm,$l_{5-6} = $ ＿＿＿＿＿ cm,$\xi_k' = \left(1 - \dfrac{A_1}{A_2}\right)^2 = $ ＿＿＿＿＿,$\xi_s' = 0.5\left(1 - \dfrac{A_5}{A_3}\right) = $ ＿＿＿＿＿。

（2）实验数据记录及计算结果。

实验记录表见表 8-1,实验计算表见表 8-2。

表 8-1　实验记录表

实验次序	流量（cm³/s）			测压管读数（cm）					
	体积	时间	流量	1	2	3	4	5	6
1									
2									
3									
4									
5									
6									
7									
8									

表 8-2　实验计算表

次数	阻力形式	流量 (cm^3/s)	前断面		后断面		h_j (cm)	ξ	h'_j (cm)
			$\dfrac{\alpha v^2}{2g}$ (cm)	E (cm)	$\dfrac{\alpha v^2}{2g}$ (cm)	E (cm)			
1	突然扩大								
2									
3									
4									
5									
6									
7									
8									
1	突然缩小								
2									
3									
4									
5									
6									
7									
8									

8.6　实验分析与讨论

(1)结合实验成果,分析比较突然扩大与突然缩小在相应条件下的局部水头损失大小关系。

(2)结合流动仪演示的水力现象,分析:局部水头损失机制是什么? 产生突然扩大与突然缩小局部水头损失的主要部位在哪里? 怎样减小局部水头损失?

(3)两点法如何测定局部水头损失?

(4)试说明用理论分析法和经验法建立相关物理量间函数式的途径。

第3篇　提升实验篇

第9章　达西渗流实验

9.1　实验目的与要求

（1）测量样砂的渗透系数 k 值，掌握特定介质渗透系数的测量技术。

（2）通过测量透过砂土的渗流流量和水头损失的关系，验证达西定律。

9.2　实验装置

9.2.1　实验装置简图

实验装置及各部分名称如图9-1所示。

9.2.2　装置说明

自循环供水如图9-1中的箭头所示，恒定水头由恒压水箱1提供，水流自下而上，利于排气。实验筒4上口是密封的，利用出水管16的虹吸作用可提高实验砂的作用水头。代表渗流两断面水头损失的测压管水头差用压差计18（气－水U形压差计）测量，图中试验筒4上的测点①、②分别与压差计18上的连接管嘴①、②用连通软管连接，并在两根连通软管上分别设置管夹。被测量的介质可以用天然砂，也可以用人工砂。砂土两端附有滤网，以防细砂流失。上稳水室13内装有玻璃球，作用是加重以防止在渗透压力下砂柱上浮。

9.2.3　基本操作方法

（1）安装实验砂。拧下上水箱法兰盘螺丝，取下上恒压水箱，将干燥的实验砂分层装入筒内，每层20~30 mm，每加一层，用压砂杆适当压实，装砂量应略低于出口10 mm左右。装砂完毕，在实验砂上部加装上过滤网14及玻璃球。最后在实验筒上部接恒压水箱1，并在两法兰盘之间衬垫两面涂抹凡士林的橡皮垫，注意拧紧螺丝以防漏气漏水。接上压差计。

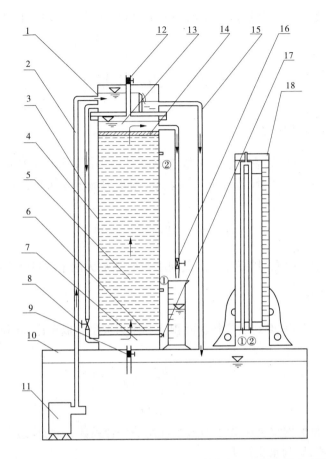

1—恒压水箱;2—供水管;3—进水管;4—实验筒;5—实验砂;6—下过滤网;7—下稳水室;
8—进水阀;9—放空阀;10—蓄水箱;11—水泵;12—排气阀;13—上稳水室;14—上过滤网;
15—溢流管;16—出水管与出水阀;17—排气嘴;18—压差计

图 9-1　达西渗流实验装置

　　(2)新装干砂加水。旋开实验筒顶部排气阀 12 及进水阀 8,关闭出水阀 16、放空阀 9 及连通软管上的管夹,开启水泵对恒压水箱 1 供水,恒压水箱 1 中的水通过进水管 3 进入下稳水室 7,如若进水管 3 中存在气柱,可短暂关闭阀 8 予以排除。继续进水,待水慢慢浸透装砂圆筒内全部砂体,并且使上稳水室完全充水之后,关闭排气阀 12。

　　(3)压差计排气。完成上述步骤(2)后,即可松开两连通软管上的管夹,打开压差计顶部排气嘴旋钮进行排气,待两测压管内分别充水达到半管高度时,迅速关闭排气嘴旋钮即可。静置数分钟,检查两测压管水位是否齐平,如不齐平,需重新排气。

　　(4)测流量。全开进水阀 8、出水阀 16,待出水流量恒定后,用重量法或体积法测量流量。

　　(5)测压差。测读压差计水位差。

　　(6)测水温。用温度计测量实验水体的温度。

　　(7)试验结束。短期内继续实验时,为防止实验筒内进气,应先关闭进水阀 8、出水阀 16、排气阀 12 和放空阀 9(在水箱内),再关闭水泵。如果长期不做该实验,关闭水泵后将出水阀 16、放空阀 9 开启,排除砂土中的重力水,然后取出实验砂,晒干后存放,以备下次实验再用。

9.3　实验原理

9.3.1　渗流水力坡度 J

由于渗流流速很小,故流速水头可以忽略不计。因此,总水头 H 可用测压管水头 h 来表示,水头损失 h_w 可用测压管水头差来表示,则水力坡度 J 可用测压管水头坡度来表示:

$$J = \frac{h_w}{l} = \frac{h_1 - h_2}{l} = \frac{\Delta h}{l}$$

式中:l 为两个测量断面之间的距离(测点间距);h_1 与 h_2 为两个测量断面的测压管水头。

9.3.2　达西定律

达西通过大量实验,得到圆筒断面面积 A 和水力坡度 J 成正比,并和土壤的透水性能有关,即:

$$v = k \frac{h_w}{l} = kJ$$

或

$$q_V = kAJ$$

式中:v 为渗流断面平均流速;k 为土质透水性能的综合系数,称为渗透系数;q_V 为渗流量;A 为圆筒断面面积;h_w 为水头损失。

上式即为达西定律,它表明,渗流的水力坡度,即单位距离上的水头损失与渗流流速的一次方成正比,因此也称为渗流线性定律。

9.3.3　达西定律适用范围

达西定律有一定适应范围,可以用雷诺数 $Re = \dfrac{vd_{10}}{\nu}$ 来表示。其中,v 为渗流断面平均流速;d_{10} 为土壤颗粒筛分时占 10% 重量土粒所通过的筛分直径;ν 为水的黏度。一般认为当 $Re < 1 \sim 10$ 时(如绝大多数细颗粒土壤中的渗流),达西定律是适用的。只有在砾石、卵石等大颗粒土层中渗流才会出现水力坡度与渗流流速不再成一次方比例的非线性渗流($Re > 1 \sim 10$),达西定律不再适应。

9.4　实验内容

按照基本操作方法,改变流量 2 ~ 3 次,测量渗透系数 k。

9.5　数据处理及成果要求

(1)记录有关信息及实验常数。

实验设备名称:＿＿＿＿＿＿＿＿＿＿＿＿;

实验台号:＿＿＿＿＿＿＿＿＿＿＿＿＿;

实验者:＿＿＿＿＿＿＿＿＿＿＿＿＿;

实验日期:＿＿＿＿＿＿＿＿＿＿＿＿;

砂土名称:＿＿＿＿＿＿＿＿＿＿＿＿;

测点间距 $l = $ ＿＿＿＿＿＿＿＿＿ $\times 10^{-2} \mathrm{m}$;

砂筒直径 $d = $ ＿＿＿＿＿＿＿＿ $\times 10^{-2} \mathrm{m}, d_{10} = $ ＿＿＿＿＿＿＿＿ $\times 10^{-2} \mathrm{m}$。

(2)实验数据记录及计算结果,见表9-1。

(3)成果要求。

校验实验条件是否符合达西定律适用条件。

9.6　分析思考题

(1)不同流量下渗透系数 k 是否相同? 为什么?

(2)装砂圆筒垂直放置、倾斜放置时,对实验测得的 q_V、v、J 与渗透系数 k 值有何影响?

9.7　注意事项

(1)实验中不允许气体渗入砂土中。若在实验中,下稳水室7中有气体滞留,应关闭出水阀16,打开排气嘴17,排出气体。

(2)新装砂后,开始实验时,从出水管16排出的少量浑浊水应当用量筒收集后予以废弃,以保持蓄水箱10中的水质纯净。

表 9-1　渗流实验测记表

实验序次	测点压差 (10^{-2} m)		水力坡度 J	流量 q_V			砂筒面积 A (10^{-4} m²)	流速 v (10^{-2} m/s)	渗透系数 k (10^{-2} m/s)	水温 T (℃)	黏度 ν (10^{-4} m²/s)	雷诺数 Re
	h_1	h_2	Δh	体积 (10^{-6} m³)	时间 (s)	流量 (10^{-6} m³/s)						
1												
2												
3												

第 10 章　平面上的静水总压力测量实验

10.1　实验目的与要求

(1)测定矩形平面上的静水总压力。
(2)验证静水压力理论的正确性。

10.2　实验装置

本实验采用电测平面静水总压力实验装置。该仪器的调平容易,测读便捷,实验省时,荷载灵敏度为 0.2 g,系统精度可达 1% 左右。

10.2.1　实验装置简图

实验装置及各部分名称如图 10-1 所示。

10.2.2　装置说明

1. 扇形体 3 的受力状况

扇形体 3 由两个同心的大小圆柱曲面、两个扇形平面和一个矩形平面组成。悬挂扇形体的杠杆 1 的支点转轴,位于扇形体同心圆的圆心轴上。由于静水压强垂直于作用面,因此扇形体大小圆柱曲面上各点处的静水压力线均通过支点转轴;而两个扇形平面所受的水压力,大小相等、作用点相同、方向相反。这表明,无论水位高低,以上各面上的静水压力,对杠杆均不产生作用。

扇形体上唯一能使杠杆平衡起作用的静水作用面是矩形平面。

2. 测力机构(见图 10-2)

测力机构由系在杠杆右端螺丝上的挂重线、压重体和电子秤组成。由于压重体的重量较大,即使在扇形体完全离水时,也不会将压重体吊离电子秤。一旦扇形体浸水,在静水压力作用下,通过杠杆效应,使挂重线上的预应力减小,并释放到电子秤上,使电子秤上的质量力增加。由此,根据电子秤的读数及杠杆的力臂关系,便可测量矩形平面的静水总压力。

10.2.3　基本操作方法

(1)上水箱水位的调节通过打开水泵 16 供水,或打开阀 13 放水来实现。
(2)杠杆的轴向水平的标准是水准泡 2 居中。由调节旋钮 19(收、放挂重线长度)进行粗调,调节前需松开锁紧螺丝 18,调节后需拧紧。水平微调采用微调螺丝 7 调节。

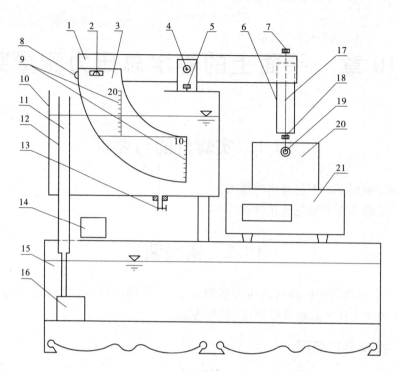

1—杠杆;2—轴向水准泡;3—扇形体;4—支点;5—横向水平调节螺丝;6—垂尺(老款式);7—杠杆水平微调螺丝;
8—横向水准泡;9—水位尺;10—上水箱;11—前溢水管;12—后供水管;13—上水箱放水阀;14—开关盒;15—下水箱;
16—水泵;17—挂重线;18—锁紧螺丝;19—杠杆水平粗调旋钮;20—压重体;21—电子秤

图 10-1　电测平面静水总压力实验装置

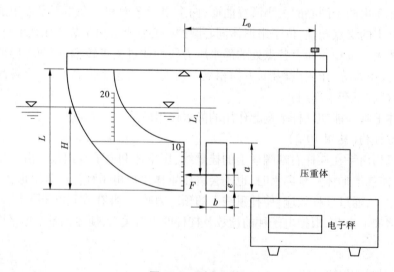

图 10-2　测力机构

（3）横向水平标准是水准泡 8 居中,调节螺丝 5 即可。

（4）挂重线 17 的垂直度调整,对于老款式仪器可用带镜面的垂尺 6 校验。移动压重体位置使挂重线与垂尺中的垂线重合(新款式仪器无需调节,自动保持垂直度)。

（5）用水位尺 9 测量水位,用电子秤测量质量力。需在上水箱加水前将杠杆的轴向与横向调平,并在调平后将电子秤的皮重清零,若不能清零,可开关电子秤电源,电子秤可自动清零。

10.3 实验原理

10.3.1 静止液体作用在任意平面上的总压力

静水总压力求解,包括大小、方向和作用点。图 10-3 中 MN 是与水平面成 θ 角的一斜置任意平面的投影线。右侧承受水的作用,受压面面积为 A。C 代表受压平面的形心,F 代表平面上静水总压力,D 代表静水总压力的作用点。

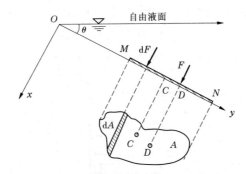

图 10-3 任意平面上的静水总压力

作用在任意方位、任意形状平面上的静水总压力 F 的大小等于受压面面积与其形心 C 所受静水压强的乘积,即:

$$F = \int_A \mathrm{d}F = p_C A$$

总压力的方向是沿着受压面的内法线方向。

10.3.2 矩形平面上的静水总压力

设一矩形平面倾斜置于水中,如图 10-4 所示。矩形平面顶离水面高度为 h,底离水面高度为 H,且矩形宽度为 b,高度为 a。

（1）总压力大小 F 为:

$$F = \frac{1}{2}\rho g(h + H)ab$$

合力作用点距底的距离 e 为:

$$e = \frac{a}{3} \cdot \frac{2h + H}{h + H}$$

（2）若压强为三角形分布,则 $h = 0$,总压力大小为:

$$F = \frac{1}{2}\rho gHab$$

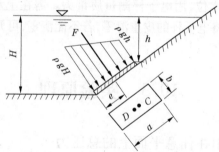

图 10-4　矩形斜平面的静水总压力

合力作用点距底的距离为：

$$e = \frac{a}{3}$$

（3）若作用面是铅垂放置的，如图 10-5 所示，可令：

$$h = \begin{cases} 0 & (H < a) \\ H - a & (H \geqslant a) \end{cases}$$

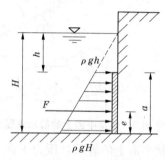

图 10-5　铅直平面上的静水总压力

即压强为梯形分布或三角形分布，其总压力大小均可表示为：

$$F = \frac{1}{2}\rho g (H^2 - h^2) b$$

合力作用点距底的距离也均可表示为：

$$e = \frac{H - h}{3} \cdot \frac{2h + H}{h + H}$$

10.4　实验内容与方法

（1）实验测量扇形体垂直矩形平面上的静水总压力大小，其作用点位置可由理论公式计算确定。力与力臂关系见图 10-2。

（2）要求分别在压强三角形分布和梯形分布条件下，不同水位各测量 2～3 次。测量方法参照基本操作方法，每次测读前均需检查调节水平度。

（3）实验结束，放空上水箱，调平仪器，检查电子秤是否回零。一般回零残值在 1～2 g 以内，若过大，应检查原因并重新测量。

10.5　数据处理及成果要求

（1）记录有关信息及实验常数。

实验设备名称：_____；

实验台号：_____；

实验者：_____；

实验日期：_____；

杠杆臂距离 $L_0 = $ _____ $\times 10^{-2}$ m；

扇形体垂直距离（扇形半径）$L = $ _____ $\times 10^{-2}$ m；

扇形体宽 $b = $ _____ $\times 10^{-2}$ m；

矩形端面高 $a = $ _____ $\times 10^{-2}$ m；

$\rho = 1.0 \times 10^3$ kg/m^3。

（2）实验数据记录及计算结果，见表 10-1 和表 10-2。

表 10-1　测量记录表

压强分布形式	实验次序	水位读数 $H(10^{-2}$m)	水位读数 $(10^{-2}$m) $h = \begin{cases} 0 & (H < a) \\ H - a & (H \geqslant a) \end{cases}$	电子秤读数 $m(10^{-3}$kg)
三角形分布	1			
	2			
	3			
梯形分布	4			
	5			
	6			

表 10-2　实验结果表

压强分布形式	实验次序	作用点距底距离 $e = \dfrac{H-h}{3} \cdot \dfrac{2h+H}{h+H}$ $(10^{-2}$m)	作用力距支点垂直距离 $L_1 = L - e$ $(10^{-2}$m)	实测力矩 $M_0 = mgL_0$ $(10^{-2}$N·m)	实测静水总压力 $F_{实测} = \dfrac{M_0}{L_1}$ (N)	理论静水总压力 $F_{理论} = \dfrac{1}{2}\rho g(H^2 - h^2)b$ (N)	相对误差 $\varepsilon = \dfrac{F_{实测} - F_{理论}}{F_{理论}}$
三角形分布	1						
	2						
	3						
梯形分布	4						
	5						
	6						

（3）成果要求。

实验值与理论值比较，最大误差不超过 2%，验证平面静水总压力计算理论的正确性。

　　本实验欠缺之处是总压力作用点的位置是由理论计算确定的,而不是由实验测定的。

　　若要求通过实验确定作用点的位置,则必须重新设计实验仪器及实验方案。设计方案如下:设现实验仪器为仪器 A,新设计实验仪器为仪器 B。A、B 两套实验仪器除扇形半径不同外,其余尺寸均完全相同。例如,仪器 A 的 $L_A = 0.25$ m,仪器 B 的 $L_B = 0.15$ m。用 A、B 两套实验仪器分别进行对比实验,每组对比实验的矩形平面作用水位相等,则矩形体的静水总压力 F 和合力作用点距底的距离 e 对应相等。此时再分别测定电子秤读数 m_A、m_B。由下列杠杆方程即可确定 F 和 e:

$$\begin{cases} (L_A - e)F = m_A g L_0 \\ (L_B - e)F = m_B g L_0 \end{cases}$$

或

$$\begin{cases} e = \dfrac{L_A - k L_B}{1 - k} \\ F = \dfrac{m_A g L_0}{L_A - e} \end{cases}$$

其中,$k = \dfrac{m_A}{m_B}$。

　　值得注意的是,该实验对 m 的测量精度要求很高,否则 e 的误差比较大。

10.6　分析思考题

　　(1)试问作用在液面下平面图形上绝对压强的压力中心和相对压强的压力中心哪个在液面下更深的地方? 为什么?

　　(2)分析产生测量误差的原因,指出在实验仪器的设计、制作和使用中哪些问题是最关键的。

10.7　注意事项

　　(1)每次改变水位,均需微调螺丝 7,使水准泡居中后,方可测读。

　　(2)实验过程中,电子秤和压重体必须放置在对应的固定位置上,以免影响挂重线的垂直度。

第 11 章　孔口出流与管嘴出流实验

11.1　实验目的与要求

（1）量测孔口与管嘴出流的流速因数、流量因数、收缩因数、局部阻力因数以及圆柱形管嘴内的局部真空度。

（2）分析圆柱形管嘴的进口形状（圆角和直角）对出流能力的影响以及孔口与管嘴过流能力不同的原因。

11.2　实验装置

11.2.1　实验装置简图

实验装置及各部分名称如图 11-1 所示。

11.2.2　装置说明

（1）在容器壁上开孔，流体经过孔口流出的流动现象就称为孔口出流，当孔口直径 $d \leqslant 0.1H$（H 为孔口作用水头）时称为薄壁圆形小孔口出流。在孔口周界上连接一长度为孔口直径 $3 \sim 4$ 倍的短管，这样的短管称为圆柱形外管嘴。流体流经该短管，并在出口断面形成满管流的流动现象叫管嘴出流。

图 11-1 中，（1）为圆角进口管嘴，（2）为直角进口管嘴，（3）为锥形管嘴，（4）为薄壁圆形小孔口。结构详图见图 11-2。在直角进口管嘴（2）离进口 $d/2$ 的收缩断面上设有测压点，通过细软管与测压管 12 相连通。

（2）智能化数显流量仪。

配置最新发明的水头式瞬时智能化数显流量仪，测量精度一级。采用循环检查方式，分别测量四个管嘴与孔口的流量。

使用方法：先调零，将水泵关闭，确保传感器连通大气时，将波段开关打到调零位置，用仪表面板上的调零电位器调零。水泵开启后，流量将随水箱水位淹没管嘴的高度而变，切换波段开关至对应的测量管嘴或孔口，此时流量仪显示的数值即为对应的瞬时流量值。

11.2.3　基本操作方法

（1）管嘴切换。防溅旋板 8 用于转换操作，当某一管嘴实验结束时，将旋板旋至进口截断水流，再用橡皮塞封口；当需开启时，先用旋板挡水，再打开橡皮塞。这样可防止水花四溅。

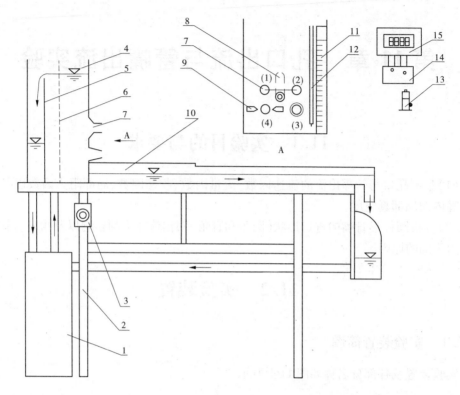

1—自循环供水器;2—实验台;3—可控硅无级调速器;4—恒压水箱;5—溢流板;6—稳水孔板;7—孔口管嘴;
8—防溅旋板;9—移动触头;10—上回水槽;11—标尺;12—测压管;13—内置式稳压筒;14—传感器;15—智能化数显流量仪

图 11-1　孔口出流与管嘴出流实验装置

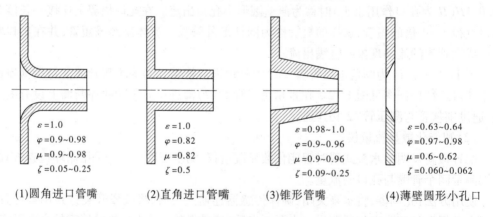

$\varepsilon = 1.0$　　　　$\varepsilon = 1.0$　　　　$\varepsilon = 0.98 \sim 1.0$　　　$\varepsilon = 0.63 \sim 0.64$

$\varphi = 0.9 \sim 0.98$　　$\varphi = 0.82$　　　$\varphi = 0.9 \sim 0.96$　　$\varphi = 0.97 \sim 0.98$

$\mu = 0.9 \sim 0.98$　　$\mu = 0.82$　　　$\mu = 0.9 \sim 0.96$　　$\mu = 0.6 \sim 0.62$

$\zeta = 0.05 \sim 0.25$　　$\zeta = 0.5$　　　$\zeta = 0.09 \sim 0.25$　　$\zeta = 0.060 \sim 0.062$

(1)圆角进口管嘴　　　(2)直角进口管嘴　　　(3)锥形管嘴　　　　(4)薄壁圆形小孔口

图 11-2　孔口管嘴结构剖面

(2)孔口射流直径测量。移动触头 9 位于射流收缩断面上,可水平向伸缩,当两个触块分别调节至射流两侧外缘时,将螺丝固定。用防溅旋板关闭孔口,再用游标卡尺测量两触块的间距,即为射流收缩直径。

(3)直角进口管嘴收缩断面真空度 h_v 测量。标尺 11 和测压管 12 可测量管嘴高程 z_1 及测压管水位 z,则 $h_v = z_1 - z$。

（4）智能化数显流量仪调零。在传感器连通大气情况下，将波段开关打到调零位置，用仪表面板上的调零电位器调零。

（5）实验流量。切换波段开关至对应实验项目，记录智能化数显流量仪的流量值。

11.3　实验原理

在一定水头 H_0 作用下薄壁小孔口（或管嘴）自由出流时的流量，可用下式计算：

$$q_v = \varphi \varepsilon A \sqrt{2gH_0} = \mu A \sqrt{2gH_0}$$

式中：$H_0 = H + \dfrac{\alpha v_0^2}{2g}$，一般因行近流速水头 $\dfrac{\alpha v_0^2}{2g}$ 很小，可忽略不计，所以 $H_0 = H$；ε 为收缩因数，$\varepsilon = \dfrac{A_c}{A} = \dfrac{d_c^2}{d^2}$，$A_c$、$d_c$ 分别为收缩断面的面积、直径，φ 为流速因数，$\varphi = \dfrac{1}{\sqrt{1+\zeta}} = \dfrac{\mu}{\varepsilon}$；$\mu$ 为流量因数，$\mu = \varepsilon\varphi = \dfrac{q_v}{A\sqrt{2gH_0}}$；$\zeta$ 为局部阻力因数，$\zeta = \dfrac{1}{\varphi^2} - \alpha$，可近似取动能修正因数 $\alpha \approx 1.0$。

ε、φ、μ、ζ 的经验值参图 11-2。

根据理论分析，直角进口圆柱形外管嘴收缩断面处的真空度为：

$$h_v = \frac{p_v}{\rho g} = 0.75H$$

实验时，只要测出孔口及管嘴的位置高程和收缩断面直径，读出作用水头 H，测出流量，就可测定、验证上述各因数。

11.4　实验内容与方法

11.4.1　定性分析实验

（1）观察孔口及各管嘴出流水柱的流股形态。

依次打开各孔口、管嘴，使其出流，观察各孔口及管嘴水流的流股形态，因各种孔口、管嘴的形状不同，过流阻力也不同，从而导致了各孔口、管嘴出流的流股形态也不同（注意：4 个孔口与管嘴不要同时打开，以免水流外溢）。

（2）观察孔口出流在 $d/H > 0.1$（大孔口）与 $d/H < 0.1$（小孔口）时的收缩情况。

开大流量，使上游水位升高，使 $d/H < 0.1$，测量相应状态下收缩断面直径 d_c；再关小流量，降低上游水头，使 $d/H > 0.1$，测量此时的收缩断面直径 d_c'。可发现，当 $d/H > 0.1$ 时，d_c' 增大，并接近于孔径 d，此时由实验测知，μ 也随 d/H 的增大而增大，$\mu = 0.64 \sim 0.9$。

11.4.2　定量分析实验

根据基本操作方法，测量孔口与管嘴出流的流速因数、流量因数、收缩因数、局部阻力因数及直角进口管嘴的局部真空度。

11.5　数据处理及成果要求

(1)记录有关信息及实验常数。

实验设备名称:＿＿＿＿＿＿＿＿＿＿＿；

实验台号:＿＿＿＿＿＿＿＿＿＿＿；

实验者:＿＿＿＿＿＿＿＿＿＿＿；

实验日期:＿＿＿＿＿＿＿＿＿＿＿；

孔口管嘴直径及高程:圆角进口管嘴 $d_1 = $＿＿＿＿＿ $\times 10^{-2}$ m,直角进口管嘴 $d_2 = $＿＿＿＿＿ $\times 10^{-2}$ m,出口高程 $z_1 = z_2 = $＿＿＿＿＿ $\times 10^{-2}$ m,锥形管嘴 $d_3 = $＿＿＿＿＿ $\times 10^{-2}$ m,薄壁圆形小孔口 $d_4 = $＿＿＿＿＿ $\times 10^{-2}$ m,出口高程 $z_3 = z_4 = $＿＿＿＿＿ $\times 10^{-2}$ m。(基准面选在标尺的零点上)

(2)实验数据记录及计算结果,见表11-1。

表 11-1　孔口、管嘴实验记录计算表

项目	圆角进口管嘴	直角进口管嘴	锥形管嘴	薄壁圆形小孔口
水箱液位 z_0(10^{-2}m)				
流量 q_V(10^{-6}m^3/s)				
作用水头 H_0(10^{-2}m)				
面积 A(10^{-4}m^2)				
流量因数 μ				
测压管液位 z(10^{-2}m)				
真空度 h_v(10^{-2}m)				
收缩直径 d_c(10^{-2}m)				
收缩断面面积 A_c(10^{-4}m^2)				
收缩因数 ε				
流速因数 φ				
局部阻力因数 ζ				
流股形态				

(3)成果要求。

①回答定性分析实验中的有关问题,提交实验结果。

②测量计算孔口与各管嘴出流的流速因数、流量因数、收缩因数、局部阻力因数及直角进口管嘴的局部真空度,分别与经验值比较,并分析引起差别的原因。

11.6 分析思考题

(1)薄壁小孔口与大孔口有何异同?

(2)为什么在相同作用水头、相等直径的条件下,直角进口管嘴的流量因数 μ 值比孔口的大,锥形管嘴的流量因数 μ 值比直角进口管嘴的大?

11.7 注意事项

(1)实验次序为先管嘴后孔口,每次塞橡皮塞前,先用旋板将进口盖好,以免水花四溅;关闭孔口时旋板的旋转方向为顺时针,否则水易溅出。

(2)实验时将旋板置于不工作的管嘴上,避免旋板对工作孔口、管嘴的干扰。不工作的孔口、管嘴应用橡皮塞塞紧,防止渗水。

第 12 章　明渠流动实验

12.1　水面曲线实验

12.1.1　实验目的与要求

（1）观察棱柱体渠道中非均匀渐变流的 12 种水面曲线。
（2）掌握 12 种水面曲线的生成条件。

12.1.2　实验装置

实验装置及各部分名称如图 12-1 所示。

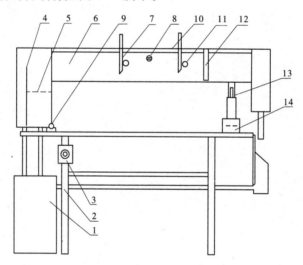

1—自循环供水器；2—实验台；3—可控硅无级调速器；4—溢流板；5—稳水孔板；6—变坡水槽；7—闸板；
8—底坡水准泡；9—变坡轴承；10—长度标尺；11—闸板锁紧轮；12—垂向滑尺；13—带标尺的升降杆；14—升降机构

图 12-1　水面曲线实验装置

为改变明槽底坡，以演示 12 种水面曲线，本实验装置配有新型高比速直齿电机驱动的升降机构 14。按下升降机构 14 的升降开关，明槽 6 即绕轴承 9 摆动，从而改变水槽的底坡。坡度值由升降杆 13 的标尺值（∇_z）和轴承 9 与升降机上支点的水平间距（L_0）算得，平坡可依底坡水准泡 8 判定。实验流量由可控硅无级调速器 3 调控，并用重量法（或体积法）测定。槽身设有两道闸板，用于调控上、下游水位，以形成不同水面线型。闸板锁紧轮 11 用以夹紧闸板，使其定位。水深由滑尺 12 量测。

12.1.3　实验原理

如图 12-2 所示,12 种水面线分别产生于 5 种不同底坡。因而,实验时,必须先确定底坡性质,其中需测定的,也是最关键的为平坡和临界坡。平坡可依水准泡或升降标尺值判定。临界底坡应满足下列关系:

$$i_k = \frac{g\chi_k}{\alpha C_k^2 B_k}$$

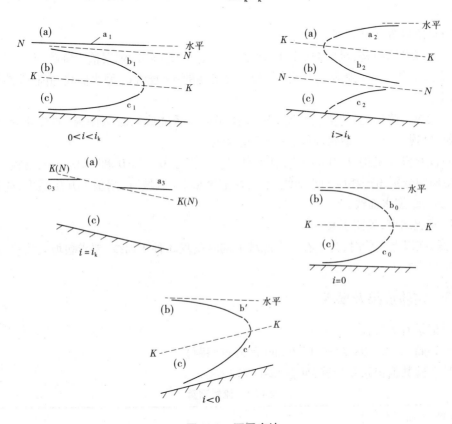

图 12-2　不同底坡

$$\chi_k = B_k + 2h_k$$

$$h_k = \left(\frac{\alpha q^2}{g}\right)^{1/3}$$

$$C_k = \frac{1}{n} R_k^{1/6}$$

$$R_k = \frac{B_k h_k}{B_k + 2h_k}$$

式中:χ_k、C_k、B_k、h_k 和 R_k 分别为明渠临界流时的湿周、谢才系数、槽宽、水深和水力半径;n 为糙率。

临界底坡确定后,保持流量不变,改变渠槽底坡,就可形成陡坡($i > i_k$)、缓坡($0 < i < i_k$)、平坡($i = 0$)和逆坡($i < 0$),分别在不同坡度下调节闸板开度,则可得到不同形式的水面曲线。

12.1.4 实验方法与步骤

(1)测记设备有关常数。

(2)开启水泵,调节调速器使供水流量最大,待稳定后测量过槽流量,重测两次取其均值。

(3)计算临界底坡 i_k 值。

(4)操纵升降机构,至所需的高程读数,使槽底坡度 $i = i_k$,观察槽中临界流(均匀流)时的水面线。然后插入闸板,观察闸前和闸后出现的 a_3 型和 c_3 型水面线,并将曲线绘于记录纸上。

(5)操纵升降机构,使槽底坡度 $i > i_k$(使底坡尽量陡些),插入闸板,调节开度,使渠道上同时呈现 a_2、b_2、c_2 型水面线,并绘于记录纸上。

(6)操纵升降机构,使 $0 < i < i_k$(使底坡尽量接近于 0)、$i = 0$ 和 $i < 0$,插入闸板,调节开度,使槽中分别出现相应的水面线,并绘在记录纸上(缓坡时,闸板 1 开启适度,能同时呈现 a_1、b_1、c_1 型水面线)。

(7)实验结束,关闭水泵。

注意:在以上实验时,为了在一个底坡上同时呈现 3 种水面线,要求缓坡宜缓些,陡坡宜陡些。

12.1.5 实验成果及要求

(1)记录有关常数。

$B = 2$ cm,$n = 0.008$,$L_o = 115.6$ cm(两支点间距)。

(2)实验数据记录及计算,见表 12-1、表 12-2。

表 12-1　流量测量

水量 $V(\mathrm{cm}^3)$			
时间 $t(\mathrm{s})$			
流量 $Q(\mathrm{cm}^3/\mathrm{s})$			

表 12-2　计算临界底坡($\nabla_z = 1.67$ cm)

Q (cm^3/s)	h_k (m)	A_k (m^2)	χ_k (m)	R_k (m)	C_k ($\mathrm{m}^{0.5}/\mathrm{s}$)	B_k (m)	i_k

(3)定性绘制水面线并注明线型于图上。

12.1.6 实验分析与讨论

(1)判别临界流除了采用 i_k 方法外,还有其他什么方法?

(2)分析计算水面线时,急流和缓流的控制断面应如何选择?为什么?

(3)在进行缓坡或陡坡实验时,为什么在接近临界底坡情况下,不容易同时出现 3 种水面线的流动形式?

(4)请利用本实验装置,独立构思测量活动水槽糙率 n 的实验方案(假定水槽中流动为阻力平方区)。

12.2 堰流实验

12.2.1 实验目的与要求

(1)观察不同 δ/H 的有坎、无坎宽顶堰或实用堰的水流现象,以及下游水位变化对宽顶堰过流能力的影响。

(2)掌握测量堰流量系数 m 和淹没系数 σ_s 的实验技能,并测定无侧收缩宽顶堰的 m 及 σ_s 值。

12.2.2 实验装置

实验装置及各部分名称如图 12-3 所示。

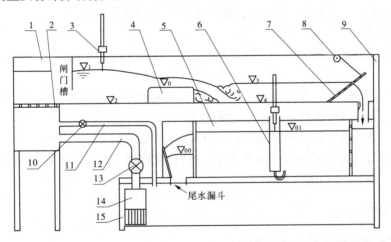

1—有机玻璃实验水槽;2—稳水孔板;3—测针;4—实验堰;5—三角堰量水槽;6—三角堰水位测针筒;7—多孔尾门;8—尾门升降轮;9—支架;10—旁通管微调阀门;11—旁通管;12—供水管;13—供水流量调节阀;14—水泵;15—蓄水箱

图 12-3 堰流实验装置

该装置自循环供水、加水储存在蓄水箱 15 中。实验时,由水泵 14 向实验水槽 1 供水,水流经三角堰量水槽 5,流回到蓄水箱 15 中。水槽首部有稳水、消波装置,末端有多孔尾门及尾门升降机构。槽中可换装各种堰闸模型。堰闸上下游与三角堰量水槽水位分别用测针 3 与 6 量测。为量测三角堰堰顶高程,配有专用校验器。本装置通过变换不同堰体,可演示水力学课程中所介绍的各种堰流现象及其下游水面衔接形式,包括有侧收缩无坎及其他各种常见宽顶堰流、底流、挑流、面流和戽流等现象。此外,还可演示平板闸下出流、薄壁堰流。同学们在完成规定的实验项目外,可任选其中一种或几种做实验观察,以拓宽感性知识面。

1. 技术特性

(1)实验水槽模型按比例设计,各部分尺寸合宜。

(2)配有宽顶堰、WES 型标准堰和戽流、挑流及底流消能工等模型共计 11 种。

(3)三角堰流量公式的系数 A、B,经对各套装置严格率定后分别给出。

(4)实验水槽、量水槽及蓄水箱等,均用透明或彩色有机玻璃制造,水泵选用铝合金防锈泵,经久耐用、不漏、不锈。

(5)附有齐全的安装使用说明、实验指导书、实验报告、报告解答等教学文件和计算机数据处理程序软件。

2. 使用方法

(1)确定三角堰零点高程。

(2)启动。待蓄水箱 15 和槽 5 充满水后,将阀 13 调到半开状态(手柄置于 30° ~ 45°),然后接上水泵电源即可。

(3)流量调节。调节流量用阀 13,微调时用阀 10。

(4)尾水位调节。调节尾门升降轮 8,可改变尾门 7 的高度,在流量相同情况下,尾水位随尾门升高而升高。

(5)消波稳流。在渠首设有浮板,用细绳定位,供消波稳流用。

3. 注意事项

(1)水泵必须良好接地,且水泵已备用二相三插头,应相应配用有一线接地的二相三插座。

(2)启动时,阀 13 的开度不能过大,以免启动时水的强力冲击对设备有影响。实验时,阀 13 也不可全开,以免流量过大,水流外溢。

(3)不允许将水泵提出水面或蓄水箱中无水时空载运行。

(4)量测有关高程(如水位、堰顶、渠底等)时,宜在同一断面测 3 点($b/8$、$b/2$、$7b/8$,b 为渠宽),然后取其平均值。

12.2.3　实验指导

各项实验演示内容及指导提要如下。

1. 流态实验

在闸门下游明槽中设置一障碍物,再将闸门开度调到 4 cm 左右,尾门降到最低处,然后启动水泵,调节 Q 至 2 000 ~ 3 000 cm³/s(后述各流量除注明外,均与此相同),这时,闸下游水流呈现急流状态(见图 12-4),其 $Fr > 1$。急流下,水流受扰动所形成的干扰微波不能向上游传播,水流流经障碍物时,水面出现隆起现象。

如适当升高尾门,使闸下形成淹没出流,水流呈现缓流状态(见图 12-5),$Fr < 1$,这时

干扰微波能向上游传播,水流流经障碍物时,水面降落。这种流动称为缓流。

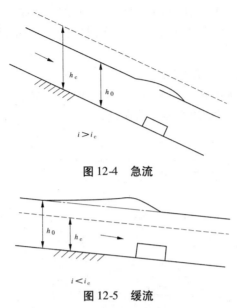

图 12-4　急流

图 12-5　缓流

2. 水跃实验

通过实验可测定完整水跃共轭水深 h'、h'',跃长 L_B 和消能率 k_j,并可验证下列平坡矩形槽中自由水跃计算的理论公式:

$$h' = \frac{h''}{2}\sqrt{1 + 8\,\frac{\alpha q^2}{g h''^3}} - 1$$

$$L_B = 6.1 h''$$

$$\Delta H_j = \frac{(h'' - h')^2}{4 h' h''}$$

$$k_j = \Delta H_j / H_1$$

式中:ΔH_j 为水跃的能量损失;H_1 为跃前断面总水头。

同时,还可演示远驱、临界和淹没三种水跃以及按 Fr 不同而区分的五种形态水跃。

1) 水跃演示

演示实验之一——临界、远驱和淹没水跃。

放好闸板,启动水泵,调节尾门,使水跃前端较稳定地居于闸下收缩断面 C—C 处,这种水跃即为临界水跃。这时,若再调节尾门,升高或降低,跃头便超过 C—C 或退后。前者称为淹没水跃,后者称为远驱水跃。临界水跃很不稳定,任一边界条件(如 Q、闸开度、尾水位等)略有变化,就会演变成另一种水跃,因而在实际工程中极少出现。但是在模型试验中,却又常常将其列为重要的试验对象。远驱水跃可造成下游远距离冲刷,故工程中一般不允许出现。如可能出现,一般就建造消能工,以使之形成淹没水跃。稍有淹没的水跃($\sigma < 1.2$)消能率高,且能有效地保护下游河床免遭冲刷。淹没水跃的淹没程度由下式给定的淹没度来衡量。

$$h_t = \sigma h''$$

式中:h_t 为淹没水跃的跃后水深。

　　淹没水跃时 σ 大于 1.0。它的测量方法是:可先测定淹没水跃的跃后水深 h_t,然后在流量不变条件下,调节尾门,使之形成临界水跃,并测出其相应跃后水深 h'',即可由上式确定 σ 值。

　　演示实验之二——5 种形态水跃。

　　保持流量 1 000 ~ 2 000 m³/s 不变,调节闸板开度,使闸下跃前的 Fr_1 由 1 到 10 逐渐变化,可观察到如图 12-6 所示的 5 种形态水跃。

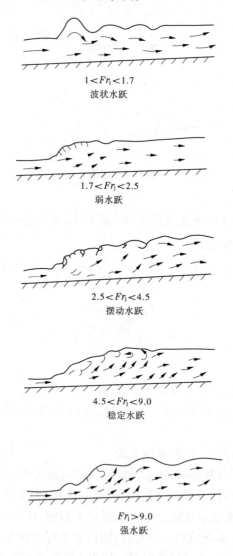

$1 < Fr_1 < 1.7$
波状水跃

$1.7 < Fr_1 < 2.5$
弱水跃

$2.5 < Fr_1 < 4.5$
摆动水跃

$4.5 < Fr_1 < 9.0$
稳定水跃

$Fr_1 > 9.0$
强水跃

图 12-6　不同形态水跃

　　波状水跃:水面有突然波状升高,无表面旋滚,消能率低,波动距离远。

　　弱水跃:水跃高度较小,跃区紊动不强烈,跃后水面较为平稳,其消能率低于 20%。

　　摆动水跃:流态不稳定,水跃振荡,跃后水面波动较大,且向下游传播较远。

稳定水跃:h''/h'实测结果和理论值较接近,消能率可达 46% ~ 70%,跃后水面较平稳,是底流消能较理想的流态。

强水跃:流态汹涌,表面旋滚强烈,下游波动较剧,影响较远,消能率可达 70% 以上,但消能工的造价高。一般当 $Fr_1 > 13$ 时,用底流消能昂贵,宜改用挑流或其他形式消能。

2) 水跃量测

拆除其他模型,装上闸板,启动水泵,待水流稳定后,用三角堰测出过流量 Q,并调节尾门和闸板开度,使闸下形成完整水跃,即临界或远驱水跃(见图 12-7),再用测针分别测定 $\nabla_3 \sim \nabla_5$ 值,即得 h'、h''。水跃长度指水跃起始断面至水跃旋滚末端断面的间距,用直尺量测。为测得消能率,可预先选定一基准 0—0,然后由槽宽 b 和实测的 h'、h'' 值确定。

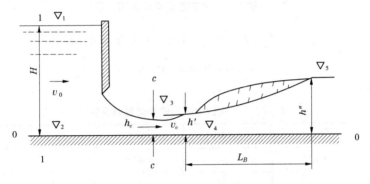

图 12-7　水跃量测示意图

计算水跃前后断面的总能头 E_1 与 E_2,并计算消能率,即:

$$\eta = \Delta E / E_1$$

$$E_1 = h' + \alpha \left(\frac{Q}{bh'} \right)^2 / (2g)$$

$$E_2 = h'' + \alpha \left(\frac{Q}{bh''} \right)^2 / (2g)$$

$$\Delta E = E_1 - E_2$$

水跃的共轭水深、跃长是设计消能工的重要参数,其合理与否,将直接影响工程的安全与造价。

3. 闸下出流实验(平板锐缘闸门)

闸下出流水力计算公式和各系数定义如下:

$$Q = \varphi \varepsilon' B \sqrt{2g(H_0 - h_c)} = \mu e B \sqrt{2gH_0}$$

$$\mu = \varepsilon' \varphi \sqrt{1 - \varepsilon' \frac{e}{H}}$$

$$\varphi = v_c / \sqrt{2g(H_0 - h_c)}$$

$$\varepsilon' = h_c / e$$

式中,各变量含义如图 12-8 所示。

本实验要求测量系数,并与下列公认值做比较:

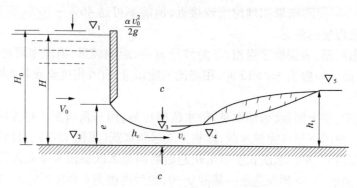

图12-8　各变量含义示意图

$$\mu = 0.6 - 0.176\,\frac{e}{H} \quad (0.1 \leqslant e/H \leqslant 0.65)$$

$$\varphi = 0.95 \sim 0.98$$

ε'值参照表12-3。

表12-3　平板锐缘闸门的垂向收缩系数

e/H	ε'	e/H	ε'	e/H	ε'
0.00	0.611	0.30	0.625	0.60	0.661
0.05	0.613	0.35	0.628	0.65	0.673
0.10	0.615	0.40	0.633	0.70	0.687
0.15	0.617	0.45	0.639	0.75	0.703
0.20	0.619	0.50	0.645		
0.25	0.622	0.55	0.652		

　　实验时,调节尾门,使闸下为远驱水跃,实测 Q、e、∇_1、∇_2、∇_3 和 ∇_4 值。其中,e 值可用水位测针量测。收缩断面一般在闸下游距闸门 $(2\sim3)e$ 处,可沿流程测几点,比较得水深最小的断面即为收缩断面。本实验精度可达 0.03 左右。

　　除上述各系数量测实验外,还可进行堰流与闸孔出流界限水深的量测实验。

　　通常 $e/H < 0.65$ 时,为闸孔出流;反之,则为明渠流。e/H 临界值的测定,可在流量不变条件下,逐渐提升闸门,当闸门再提升时即变为明渠流,测定此时 H 和 e 值,即可求得 e/H 临界值。

　　4.堰流实验

　　1)薄壁堰

　　(1)三角形薄壁堰。

　　如图12-3所示,其中的三角堰量水槽5是该堰的应用实例。三角堰多用于流量小于 0.05 m³/s 的情况。其结构如图12-9所示。相应的流量计算公式为:

$$Q = 1.4H^{\frac{5}{2}} \quad (0.05 \text{ m} \leqslant H \leqslant 0.25 \text{ m})$$

为与整体协调,本实验装置中三角堰量水槽的渠宽和堰高均与图12-9的尺寸略有差

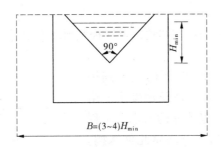

图 12-9　三角堰结构

异,采用流量公式如下,其系数 A、B 分别率定给出。

$$Q = AH^B$$

为测定 H 值,需预先准确测定零点值(堰顶标高)。本装置配有自行研制的零位尺,可准确测定零点值。将该尺卡在堰口,逐渐向槽中加水,为防止加水引起水面波动,造成测量误差,当水面升至接近零位尺的探头时,改由测针筒 6 加水。用测针测读零位尺刚触及水面时的液位高程,此高程即为所测的零点值。实验中,零点值往往作为常数提供,其精度可达 $0.05 \sim 0.1$。零点值给定后,一般不允许再变动测针支架相对高度或旋动针头;否则,零点值须重测。三角堰的堰顶水位应在堰前 $3H$ 以远处的位置量测。堰前水位常有波动,装设测针筒有助于削减这种波动。

(2)矩形薄壁堰。

如图 12-10 所示,其壁厚 $\delta < 0.67H$,且堰口有锐缘。堰口形状为矩形(等宽或非等宽)。此类堰常用于测量较大的流量。本装置配有与渠道等宽的矩形堰模型一套,供测量堰的流量系数用,测法如后所述,同时可观察水舌的形状,从中了解曲线型实用堰的堰面曲线形状。观察水舌形状时应使水舌下方与大气相通。根据水舌的形状不难理解,如果所设计的堰面低于水舌下缘曲线,堰面就会出现负压,故此类堰称真空堰。真空堰能提高流量系数,但堰面易遭空蚀破坏。若堰面稍突入水舌下缘曲线,堰面受到正压,称非真空堰。如 WES 及克奥型实用堰等,在设计水头作用下均为非真空堰。但由于水舌形状随过流量,即堰顶水头而变化(见图 12-10,头部宽 $\delta = 0.67H$),因而所谓真空堰或非真空堰,都是相对一定流量而言的。即使同一种堰,在不同流量下,也可呈现真空或非真空两种状态。

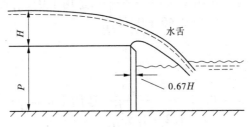

图 12-10　矩形薄壁堰

如工程中的各种实用堰,通常在设计洪水位下呈非真空状态,在校核洪水位下呈真空状态。允许堰面最大真空水头值为 $3 \sim 5$ m。

2）宽顶堰

本装置配有无坎、直角进口和圆角进口三种宽顶堰模型,供不同教学要求选用。

（1）无坎宽顶堰。

俯视图如图 12-11 所示。两侧模型分别被浸湿了的吸盘紧紧吸附在有机玻璃槽壁上。由于侧收缩的影响,水流呈现宽顶堰的形态。工程中平底河道的闸墩、桥墩的流动均属此种堰型。由于本实验配用了透明有机玻璃模型,因而过堰水流的水面形状清晰可见,有利于实验观察分析。

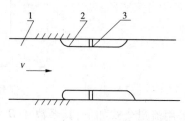

1—明槽;2—无坎宽顶堰;3—吸盘

图 12-11　无坎宽顶堰俯视图

（2）直角和圆角进口宽顶堰。

模型堰高 $P_1 = 8$ cm,堰厚 $\delta = 30$ cm,圆角 $R = 3$ cm。宽顶堰过流应符合 $2.5 < \delta/H < 10$ 的条件。图 12-12 为 $4 \leqslant \delta/H \leqslant 10$ 时的水面形态。当 $2.5 < \delta/H < 4$ 时,堰顶只有一次跌落,且无收缩断面。若 $\delta/H > 10$,由于堰顶水流的沿程损失对过水能力有明显影响,已不能忽略,这已属于明渠范畴了。

宽顶堰出流又分自由出流和淹没出流两种流态。

自由出流实验:要求测定宽顶堰的流量系数 m 并与下列公式给出的经验值比较。

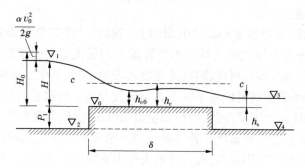

图 12-12　水面形态

直角进口:$m = 0.36 + 0.01 \dfrac{3 - \dfrac{P_1}{H}}{0.46 + 0.75 \dfrac{P_1}{H}}$,适用于 $0 \leqslant \dfrac{P_1}{H} \leqslant 3$ 的条件,当 $\dfrac{P_1}{H} > 3$ 时,

$m = 0.32$。

圆角进口:$m = 0.36 + 0.01 \dfrac{3 - \dfrac{P_1}{H}}{1.2 + 1.5 \dfrac{P_1}{H}}$,适用于 $0 \leqslant \dfrac{P_1}{H} \leqslant 3$ 的条件,当 $\dfrac{P_1}{H} > 3$ 时,

$m = 0.36$。

m 值由下式定义:

$$Q = mb \sqrt{2g}$$

提供的堰高由于受安装影响，可能有误差，应以实测为准。实验时，流量宜为 $2\,000 \sim 3\,000\ \mathrm{m}^3/\mathrm{s}$，应满足 $2.5 < \delta/H < 10$ 的条件；降低尾门，使下游水位满足 $(\nabla_3 - \nabla_0)/H_0 \leqslant 0.80$。

淹没出流实验：实验要求一是检验满足淹没出流条件 $h_s/H_0 > 0.8$ 与否，二是测定淹没系数，并与经验值比较。

12.2.4　实验原理

（1）堰流流量公式。

自由出流：
$$Q = mb\sqrt{2g}H_0^{3/2} \tag{1}$$

淹没出流：
$$Q = \sigma_s mb\sqrt{2g}H_0^{3/2} \tag{2}$$

（2）堰流流量系数经验公式。

①圆角进口宽顶堰：
$$m = 0.36 + 0.01\frac{3 - P_1/H}{1.2 + 1.5P_1/H}\quad（当\,P_1/H > 3\,时, m = 0.36） \tag{3}$$

②直角进口宽顶堰：
$$m = 0.32 + 0.01\frac{3 - P_1/H}{0.46 + 0.75P_1/H}\quad（当\,P_1/H > 3\,时, m = 0.32） \tag{4}$$

③WES 型标准剖面实用堰：

$P_1/H_d > 1.33$ 时，属高坝范围，m 值如下：

$H_0 = H_d$ 时，$m = m_d = 0.502$；

$H_0 \neq H_d$ 时，m 值参见表12-4。

（3）淹没系数 σ_s 的经验值，参见表12-5。

本实验需测记渠宽 b、上游渠底高程 ∇_2、堰顶高程 ∇_0、宽顶堰厚度 δ、流量 Q、上游水位 ∇_1 及下游水位 ∇_3。还应检验是否符合宽顶堰条件 $2.5 < \delta/H < 10$，进而按下列各式计算确定上游堰高 P_1、行近流速 v_0、上水头 H 和总水头 H_0：

$$P_1 = \nabla_0 - \nabla_2$$

$$v_0 = \frac{Q}{b(\nabla_1 - \nabla_2)}$$

$$H = \nabla_1 - \nabla_0$$

$$H_0 = H + \alpha v_0^2/2g$$

其中，实验流量 Q 由三角堰量水槽 5 测量，三角堰的流量公式为：

$$Q = Ah^B$$

$$h = \nabla_{01} - \nabla_{00}$$

式中：∇_{01}、∇_{00} 分别为三角堰堰顶水位（实测）和堰顶高程（实验时为常数）；A、B 为率定常数，由设备制成后率定，标于设备铭牌上。

12.2.5　实验方法与步骤（以宽顶堰为例）

（1）把设备各常数测记于实验表格中。

（2）根据实验要求流量，调节阀门 13 和下游尾门开度，使之形成堰下自由出流，同时满足 $2.5 < \delta/H < 10$ 的条件。待水流稳定后，观察宽顶堰自由出流的流动情况，定性绘出其水面线图。

（3）用测针测量堰的上、下游水位。在实验过程中，不允许旋动测针针头（包括明渠所有实验均是如此）。

（4）待三角堰和测针筒中的水位完全稳定后（需待 5 min 左右），测记测针筒中水位。

（5）改变进水阀门开度，测量 4 ~ 6 个不同流量下的实验参数。

（6）调节尾门，抬高下游水位，使宽顶堰成淹没出流（满足 $h_s/H_0 > 0.8$）。测记流量 Q' 及上、下游水位。改变流量重复 2 次。

（7）测算淹没系数。方法有两种：

方法一，根据步骤（6）测记的 Q' 与 H 值，由式（2）确定 σ_s，式中 m 需根据 H 值由自由出流下实验绘制的 $m—f_2(H)$ 曲线确定，也可由式（3）或式（4）计算得到（误差不大于 2%）。

方法二，在完成步骤（4）后，已测得自由出流下的 Q' 值。调节尾门，使之成淹没出流，此时由于流量没有改变，受淹没出流的影响，上游水位必高出原水位，为便于比较，可减小过水流量，待堰上游水位回复到原自由出流水位时，测定此时的流量 Q'，据式（2）可得 $\sigma_s = Q'/Q$。

参照以上方法，改变 h，重复测 2 次。

对 WES 型实用堰，除淹没系数不测外，其余同上。

12.2.6　实验成果及要求

（1）对堰流流量系数 m 的实测值与经验值进行分析比较。

（2）对宽顶堰淹没出流的实测淹没系数 σ_s 与经验值进行分析比较。

（3）记录有关常数。

渠槽 b = _____ cm；

宽顶堰厚度 δ = _____ cm；

上游堰底高程 ∇_2 = _____ cm；

堰顶高程 ∇_0 = _____ cm；

上游堰高 P_1 = _____ cm；

三角堰流量公式为 $Q = Ah^B$ = _____ cm^3/s，$h = \nabla_{01} - \nabla_{00}$ = _____ cm，其中，三角堰顶高程 ∇_{00} = _____ cm；A = _____；B = _____。

（4）完成流量系数测计表，见表 12-4、表 12-5。

12.2.7　实验分析与讨论

（1）量测堰上水头 H 值时，堰上游水位测针读数为何要在堰壁上游 $(3 ~ 4)H$ 附近处测读？

（2）为什么宽顶堰要在 $2.5 < \delta/H < 10$ 的范围内进行实验？

（3）有哪些因素影响实测流量系数的精度？如果行近流速水头略去不计，对实验结果会产生多大影响？

表 12-4　WES 型堰流量系数测记表

三角堰上游水位 ∇_{01} (cm)	实测流量 Q (cm³/s)	堰上游水位 ∇_1 (cm)	堰顶水头 H(cm)	行近流速 v_0 (cm/s)	流速水头 $v_0^2/2g$ (cm)	堰顶总水头 H_0 (cm)	流量系数 m		堰下游水位 (cm)	下游水位超顶高 h_s (cm)	h_s/H_0	淹没系数 σ_s	
							实测值	经验值				实测值	经验值

表 12-5 宽顶堰流量系数测记表

三角堰上游水位 ∇_{01} (cm)	实测流量 Q (cm³/s)	堰上游水位 ∇_1 (cm)	堰顶水头 H(cm)	行近流速 v_0 (cm/s)	流速水头 $v_0^2/2g$ (cm)	堰顶总水头 H_0 (cm)	流量系数 m 实测值	流量系数 m 经验值	堰下游水位 (cm)	下游水位超顶高 h_s (cm)	h_s/H_0	淹没系数 σ_s 实测值	淹没系数 σ_s 经验值
直角进口													
圆角进口													

第 13 章　有压管流实验

——水泵性能实验

　　流体沿管道满管流动的水力现象称为有压管流。与本章相应的知识内容有简单管道中不可压缩恒定管流、串并联管道和管网中不可压缩恒定管流的水力计算,液体在有压管道中的非恒定流——水击,以及泵及管路系统的水力特性等。本章实验内容主要介绍水泵单泵特性曲线实验、水泵并联性能曲线实验和水泵串联性能曲线实验等。泵特性曲线实验是综合应用简单管道、串并联管道水力特性的一项综合性实验,通过单泵、双泵并联及双泵串联实验提高知识的综合应用能力。

13.1　水泵性能实验装置

13.1.1　仪器简介

1. 仪器装置简图
　　泵特性曲线测定装置如图 13-1 所示。

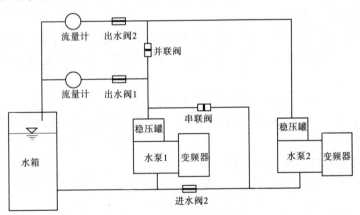

图 13-1　泵特性曲线测定装置

　　2. 功能
　　(1)学习掌握单泵特性曲线测试技术。
　　(2)了解泵的空化断裂工况特性,理解水泵最大安装高程的限制原因。
　　(3)掌握串联泵和并联泵的测试技术。
　　(4)测定两台或多台泵在串联工况下扬程—流量特性曲线,掌握串联泵特性曲线与单泵特性曲线之间的关系。

（5）测定两台或多台泵在并联工况下扬程—流量特性曲线，掌握并联泵特性曲线与单泵特性曲线之间的关系。

3. 装置说明

本实验装置每组配两台离心泵，在水泵驱动下水流自水箱输送到稳水压力罐，稳压后再通过实验管道回到蓄水箱。

使用电磁流量计可直观测量压力管道中的流量变化。

泵进、出水口设有压力表，其中进水口压力真空表既可测量正压力，也可测量真空压力。

泵与电机为同轴结构，转速由变频器读出。

泵的吸水管真空度由进水阀调节。

多台泵的串联与并联实验由进水阀调节控制。

13.1.2　实验原理

对应某一额定转速 n，泵的实际扬程 H、轴功率 N、总效率 η 与泵的出水流量 Q 之间的关系以曲线表示，称为泵的特性曲线，它能反映出泵的工作性能，可作为选择泵的依据。

泵的特性曲线可用下列三个函数关系表示：

$$H = f_1(Q)；N = f_2(Q)；\eta = f_3(Q)$$

这些函数关系均可由实验测得，其测定方法如下。

1. 流量 $Q(\mathrm{m^3/s})$

电磁流量计可直观测量压力管道中的流量变化。

2. 实际扬程 $H(\mathrm{mH_2O})$

泵的实际扬程系指水泵出口断面与进口断面之间的总水头差，是在测得泵进、出口压强，流速和测压表表位差后，经计算求得的。由于本装置内各点流速较小，流速水头可忽略不计，故有：

$$H = 102 \times (h_d - h_s)$$

式中：H 为扬程，$\mathrm{mH_2O}$；h_d 为水泵出口压强，MPa；h_s 为水泵进口压强，MPa，真空值用" - "表示。

3. 轴功率（泵的输入功率）$N(\mathrm{W})$

$$N = P_0 \eta_电$$
$$P_0 = KP$$
$$\eta_电 = \left[a \left(\frac{P_0}{100} \right)^3 + b \left(\frac{P_0}{100} \right)^2 + c \left(\frac{P_0}{100} \right) + d \right]/100$$

式中：K 为功率表表头值转换成实际功率瓦特数的转换系数；P 为功率表读数值，W；$\eta_电$ 为电动机效率；a、b、c、d 为电机效率拟合公式系数，预先标定提供。

4. 总效率 η

$$\eta = \frac{\rho g H Q}{N} \times 100\%$$

式中：ρ 为水的密度，取 $1\,000\ \mathrm{kg/m^3}$；g 为重力加速度，$g = 9.8\ \mathrm{m/s^2}$。

5. 实验结果按额定转速的换算

如果泵的实验转速 n 与额定转速 n_{sp} 不同,且转速满足 $|(n-n_{sp})/n_{sp} \times 100\%| < 20\%$,则应将实验结果按下面各式进行换算:

$$Q_0 = Q\left(\frac{n_{sp}}{n}\right)$$

$$H_0 = H\left(\frac{n_{sp}}{n}\right)^2$$

$$N_0 = N\left(\frac{n_{sp}}{n}\right)^3$$

$$\eta_0 = \eta$$

式中:带下标"0"的各参数都指额定转速下的值。

13.1.3　实验步骤与方法

1. 准备

(1)实验用水准备:清洗水箱,并加装实验用水。

(2)离心泵排气:用扳手拧开水泵水罐上的排气螺丝,排出泵内气体,当水体充满水罐后立即拧紧螺丝。

2. 实验步骤

(1)自检,打开泵进口阀,关闭泵出口阀,试开离心泵,检查电机运转时声音是否正常,离心泵运转的方向是否正确。

(2)开启离心泵,当泵的转速达到额定转速后,打开出口阀。

(3)实验时,逐渐改变出口流量调节阀的开度,使泵出口流量从 1 000 L/h 逐渐增大到 4 000 L/h,每次增加 500 L/h。在每一个流量下,待系统稳定流动 5 min 后,打开测控软件,选择对应的测控选项,点击"采集"按钮,采集数据,点击变频器上的"mode"按钮,读取功率和频率数据,填入测控软件对应位置。离心泵特性实验主要需获取的实验数据为:流量 Q、泵进口压力 p_1、泵出口压力 p_2、电机功率 $N_{电}$、泵频率 f,以及流体温度 T 和两测压点间高度差 $H_0(H_0 = 0.125\ \text{m})$。

(4)实验结束,先关闭出口流量调节阀,再停泵,然后记录下离心泵的型号、额定流量、额定转速、扬程和功率等。

13.2　单泵性能实验

13.2.1　实验目的与要求

(1)掌握水泵的测试技术。

(2)测定水泵在额定工况下的扬程 H—流量 Q 特性曲线,掌握水泵性能参数之间的关系。

13.2.2　阀门操作

将串联阀和并联阀关闭,其余阀门打开,如图 13-2 所示。

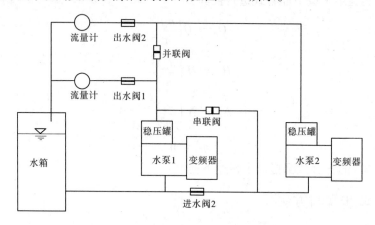

图 13-2　单泵特性曲线测定装置

13.2.3　实验步骤与方法

(1)实验前,必须先对照图 13-2,熟悉实验装置各部分名称与作用,检查水系统和电系统的连接是否正确,蓄水箱的水量是否达到规定要求。记录有关常数。

(2)泵启动与系统排气。

(3)全开 1 号阀、2 号阀,读出 1 号泵和 2 号泵的出水流量。

(4)测记功率表的表值,同时测记压力表与真空压力表的表值。

(5)测记转速。将光电测速仪射出的光束对准贴在电机转轴端黑纸上的反光纸,即可读出轴的转速。转速须对应每一工况分别测记。

(6)按上述步骤(4)~(5),调节 1 号阀、2 号阀,控制 1 号泵和 2 号泵的不同流量,测量 7 ~ 13 次。

(7)实验结束,先关闭出口流量调节阀,再停泵。

13.2.4　实验成果及要求

(1)记录有关信息及实验常数。

实验台号:＿＿＿＿＿＿＿＿＿＿＿＿;

离心泵的型号＿＿＿＿＿＿＿＿＿＿＿,额定流量＿＿＿＿＿＿ m^3/s,额定转速＿＿＿＿＿＿ r/min,扬程＿＿＿＿＿ m,功率＿＿＿＿＿ W。

(2)实验数据记录及计算结果,见表 13-1、表 13-2。

表 13-1　实验记录表

实验次序	转速 n （r/min）	功率表 读值 $Q(10^{-6}\mathrm{m}^3/\mathrm{s})$	流量计 读值 （cmH$_2$O）	真空表 读值 $h_s(10^{-2}\mathrm{MPa})$	压力表 读值 $h_d(10^{-2}\mathrm{MPa})$
1					
2					
3					
4					
5					
6					
7					
8					

表 13-2　泵特性曲线测定实验结果

实验次序	实验换算值				n_{sp}（r/min）时的值			
	转速 n （r/min）	流量 Q $(10^{-6}\mathrm{m}^3/\mathrm{s})$	总扬程 $H(\mathrm{m})$	泵输入 功率 $N(\mathrm{W})$	流量 Q_0 $(10^{-6}\mathrm{m}^3/\mathrm{s})$	总扬程 $H_0(\mathrm{m})$	泵输入 功率 N_0 （W）	泵效率 $\eta(\%)$
1								
2								
3								
4								
5								
6								
7								
8								

（3）根据实验值在同一图上绘制 H_0—Q_0、N_0—Q_0、η_0—Q_0 曲线。

本实验曲线中的公用变量 Q_0 为横坐标，纵坐标则分别对应 H_0、N_0、η_0，用相应的分度值表示。坐标轴应注明分度值的有效数字、名称和单位；不同曲线分别以函数关系予以标注。

13.2.5　实验分析与讨论

（1）对本实验装置而言，泵的实际扬程（总扬程）即为进出口压强差，为什么？

（2）由实验知泵的出水流量越大，泵进口处的真空度也越大，为什么？

（3）在实验设备中，压力表前设置稳压筒有何作用？压力表的安装高度有何要求？

稳压筒有使压力表的读数更稳定的作用。在本实验中，更主要的是，压力表用于量测泵进口处真空压强及泵出口处的压强。若不设置稳压筒，压力表与真空表虽安装在同一高程上,但压力表的连通管内充满了液体,而压力真空表的连通管内有时会因负压过大而置空,造成两表实际安装高程差可达 40 cm,从而引起测量误差。现设置了稳压筒,压力表和压力真空表引自稳压筒的表面气压,因而避免了上述误差。稳压筒在布置方面,要求稳压筒内水不宜充满,应有一与空气接触液面,且两稳压筒内液面从理论上要求齐平。事实上,因压力罐进、出口处(各测点)压力变化幅度过大,稳压筒内空气压缩程度差异较大,难以保证在所有量程范围内两稳压筒内液位齐平,但这种水位变幅不会大于稳压筒的高 h(约 7 cm)。考虑其相对误差,实验时要求连接压力表稳压筒内液柱不能高于筒高的1/3,压力真空表内液柱高度不得低于筒高的 3/4。关于两个压力表的安装高度并无特别要求,因为压力表和真空压力表的连通管中只有气体而无液体,所以压力表的安装高度不会影响测量精度。

13.3　双泵串联实验

13.3.1　实验目的与要求

(1)掌握串联泵的测试技术。

(2)测定水泵在双泵串联工况下扬程 H—流量 Q 特性曲线,掌握双泵串联特性曲线与单泵特性曲线之间的关系。

13.3.2　双泵串联

阀门操作:进水阀 2、出水阀 1、并联阀关闭,其余阀门打开,如图 13-3 所示。

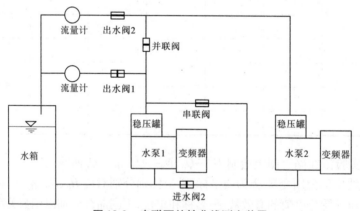

图 13-3　串联泵特性曲线测定装置

13.3.3　实验原理

前一台水泵的出口向后一台水泵的入口输送流体的工作方式,称为水泵的串联工作。

水泵的串联意味着水流再一次得到新的能量,前一台水泵把扬程提到 H_1 后,后一台水泵再把扬程提高 H_2。即已知水泵串联工作的两台或两台以上水泵的性能曲线函数分别为 $H_1 = f_1(Q_1)$、$H_2 = f_1(Q_2)$,…,则水泵串联工作后的性能曲线函数为在流量相同情况下各串联水泵的扬程叠加：

$$H = f(Q) = f_1(Q_1) + f_1(Q_2) + \cdots = H_1 + H_2 + \cdots$$

这些函数关系均可由实验测得，其测定方法如下。

1. 流量 $Q(10^{-6}\text{m}^3/\text{s})$

电磁流量计可直观测量压力管道中的流量变化。

2. 实际扬程 $H(\text{mH}_2\text{O})$

泵的实际扬程系指水泵出口断面与进口断面之间的总水头差，是在测得泵进、出口压强，流速和测压表表位差后，经计算求得的。由于本装置内各点流速较小，流速水头可忽略不计，故有：

$$H = 102(h_d - h_s)$$

式中：H 为扬程，mH_2O 水柱；h_d 为水泵出口压强，MPa；h_s 为水泵进口压强，MPa，真空值用"$-$"表示。

13.3.4　实验步骤与方法

(1)实验前，必须先对照图13-3，熟悉实验装置各部分名称与作用，检查水系统和电系统的连接是否正确，蓄水箱的水量是否达到规定要求。记录有关常数。

(2)测定1号实验泵流量—扬程：关闭并联阀和串联阀，全开出水阀1号阀，关闭2号实验泵，开启1号实验泵，待流量稳定后，测记流量及扬程（压力表表值与压力真空表表值之差）。调节出水阀1号阀开度，改变流量，在不同流量下重复测量7～10次，分别记录相应流量、扬程。

(3)测定2号实验泵流量—扬程：关闭并联阀和串联阀，全开出水阀2号阀，关闭1号实验泵，开启2号实验泵，待流量稳定后，测记流量及扬程（压力表表值与压力真空表表值之差）。调节出水阀1号阀开度，改变流量，在不同流量下重复测量7～10次，分别记录相应流量、扬程。

(4)测定1号、2号实验泵串联工作流量—扬程：关闭进水阀2、出水阀1、并联阀，其余阀门打开。同时开启1号、2号实验泵，调节出水阀2号阀，改变流量多次，测记各流量下扬程（压力表表值与压力真空表表值之差）。

(5)实验结束，先打开所有阀门，再关闭水泵电源。

(6)根据实验数据分别绘制单泵与双泵流量 Q—扬程 H 特性曲线。

13.3.5　实验成果及要求

(1)记录有关信息及实验常数。

(2)实验数据记录及计算结果，见表13-3。

表 13-3　串联实验记录表

实验次序	流量		1号实验泵			2号实验泵			Σ	串联工作		
	电位差 （cmH_2O）	流量 Q （mL/s）	压力表 h_d （$10^{-2}MPa$）	真空表 h_s （$10^{-2}MPa$）	扬程 H_1 （m）	压力表 h_d （$10^{-2}MPa$）	真空表 h_s （$10^{-2}MPa$）	扬程 H_2 （m）	$H_1 + H_2$ （m）	压力表 h_d （$10^{-2}MPa$）	真空表 h_s （$10^{-2}MPa$）	总扬程 H （m）
1												
2												
3												
4												
5												
6												
7												
8												
9												
10												

（3）绘制双泵串联特性曲线。

13.3.6　实验分析与讨论

（1）当两台水泵的特性曲线存在差异时,两泵串联系统的特性曲线与单泵的特性曲线之间应当存在什么关系?

（2）试分析泵串联系统中两泵之间的管道损失对实验数据的影响。

（3）结合实验成果,分析讨论在实际管路系统中,两台同性能水泵在串联工作时,其扬程能否增加一倍? 试分析原因。

（4）若要将 Q—H 曲线转换成 Q_0—H_0 曲线,应如何实验? 实验结果有何异同?

13.4　双泵并联实验

13.4.1　实验目的与要求

（1）掌握并联泵的测试技术。

（2）测定泵在双泵并联工况下扬程 H—流量 Q 特性曲线,掌握双泵并联特性曲线与单泵特性曲线之间的关系。

13.4.2　双泵并联

阀门操作:出水阀1、串联阀关闭,其余阀门打开,两台实验泵形成并联工作回路,如图 13-4 所示。

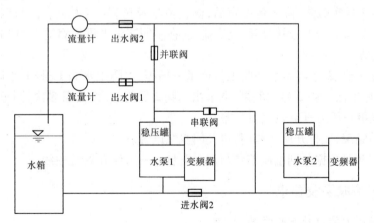

图 13-4　双泵并联实验装置

13.4.3　实验原理

两台或两台以上的水泵向同一压力管道输送流体的工作方式,称为水泵的并联工作。

水泵在并联工作下的性能曲线,就是把对应同一扬程 H 值的各个水泵的流量 Q 值叠加起来。若两台或两台以上水泵的性能曲线函数关系已知,分别为 $H_1 = f_1(Q_1)$, $H_2 =$

$f_1(Q_2)$，…，这样就可得到两台或两台以上水泵并联工作的性能曲线函数关系：

$$H = f_1(Q_1 + Q_2 + \cdots)$$

这些函数关系均可由实验测得，其测定方法如下：

1. 流量 $Q(10^{-6}\,\mathrm{m^3/s})$

电磁流量计可直观测量压力管道中的流量变化。

2. 实际扬程 $H(\mathrm{mH_2O})$

泵的实际扬程系指水泵出口断面与进口断面之间的总水头差，是在测得泵进、出口压强，流速和测压表表位差后，经计算求得的。由于本装置内各点流速较小，流速水头可忽略不计，故有：

$$H = 102(h_d - h_s)$$

式中：H 为扬程，$\mathrm{mH_2O}$；h_d 为水泵出口压强，MPa；h_s 为水泵进口压强，MPa，真空值用"－"表示。

13.4.4　实验步骤与方法

（1）实验前，必须先对照图13-4，熟悉实验装置各部分名称与作用，检查水系统和电系统的连接是否正确，蓄水箱的水量是否达到规定要求。记录有关常数。

（2）测定1号实验泵流量—扬程：关闭并联阀和串联阀，全开出水阀1号阀，关闭2号实验泵，开启1号实验泵，待流量稳定后，测记流量及扬程（压力表表值与压力真空表表值之差）。调节出水阀1号阀开度，改变流量，在不同流量下重复测量7～10次，分别记录相应流量、扬程。

（3）测定2号实验泵流量—扬程：关闭并联阀和串联阀，全开出水阀2号阀，关闭1号实验泵，开启2号实验泵，待流量稳定后，测记流量及扬程（压力表表值与压力真空表表值之差）。调节出水阀1号阀开度，改变流量，在不同流量下重复测量7～10次，分别记录相应流量、扬程。

（4）测定1号、2号实验泵并联工作流量—扬程：关闭出水阀1号阀、串联阀，其余阀门打开。同时开启1号、2号实验泵，调节出水阀2号阀，改变流量多次，测记各流量下扬程（压力表表值与压力真空表表值之差）。

（5）实验结束，先打开所有阀门，再关闭水泵电源。

（6）根据实验数据分别绘制单泵与双泵流量 Q—扬程 H 特性曲线。

13.4.5　实验成果及要求

（1）记录有关信息及实验常数。

（2）实验数据记录及结果计算，见表13-4。

表 13-4　并联实验记录表

实验次序	1 号泵压力表 h_{d1} (10^{-2}MPa)	2 号泵压力表 h_{d2} (10^{-2}MPa)	真空表 h_s (10^{-2}MPa)	扬程 H (m)	1 号实验泵 电位差 Δh_1 (cmH$_2$O)	1 号实验泵 流量 Q_1 (mL/s)	2 号实验泵 电位差 Δh_2 (cmH$_2$O)	2 号实验泵 流量 Q_2 (mL/s)	Σ $Q_1 + Q_2$	并联工作 电位差 Δh (cmH$_2$O)	并联工作 流量 Q (mL/s)
1											
2											
3											
4											
5											
6											
7											
8											
9											
10											

（3）绘制双泵并联特性曲线。

13.4.6　实验分析与讨论

（1）当两台水泵的特性曲线存在差异时，两泵并联系统的特性曲线与单泵的特性曲线之间应当存在什么关系？

（2）结合实验成果，分析讨论在实际管道系统中，两台同性能水泵在并联工作时，其流量能否增加一倍？试分析原因。

（3）若要将 Q—H 曲线转换成 Q_0—H_0 曲线，应如何实验？实验结果有何异同？

第 14 章 演示实验

14.1 壁挂式自循环流动演示仪

14.1.1 仪器简介

1.结构

仪器结构如图 14-1 所示。

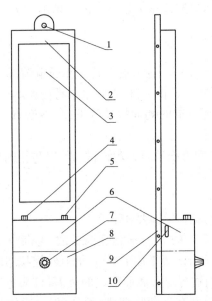

1—挂孔;2—彩色有机玻璃面罩;3—不同边界的流动显示面;4—加水孔孔盖;5—掺气量调节阀;
6—蓄水箱;7—可控硅无级调速旋钮;8—电器、水泵室;9—铝合金框架后盖;10—水位观测窗

图 14-1 仪器结构示意图

2.工作原理

该仪器以气泡为示踪介质。狭缝流道中设有特定边界流场,用以显示内流、外流、射流元件等多种流动图谱。半封闭状态下的工作液体(水)由水泵驱动自蓄水箱 6 经掺气后流经显示板,形成无数小气泡随水流流动,在仪器内的日光灯照射和显示板的衬托下,小气泡发出明亮的折射光,清楚地显示出小气泡随水流流动的图像。由于气泡的粒径大小、掺气量的多少可由阀 5 任意调节,故能使小气泡相对水流流动具有足够的跟随性。显示板设计成多种不同形状边界的流道,因而该仪器能十分形象、鲜明地显示不同边界流场的迹线、边界层分离、尾流、旋涡等多种流动图谱。

14.1.2　使用说明

1. 仪器检查

(1)通电检查。未加水前插上 220 V、50 Hz 电源,顺时针打开旋钮 7,水泵启动,4 支日光灯亮;继而顺时针转动旋钮,则水泵减速,但日光灯不受影响。最后逆时针转动旋钮复原到关机前临界位置,水泵转速最快。

(2)加水检查。加入蒸馏水或冷开水,可使水质长期不变。拨开孔盖 4,用漏斗或虹吸法向水箱内加水。其水量以水位升到观测窗(左侧面)2/3 处为宜。检查有无漏水,若有漏,应放水处理后再重新加水。

2. 使用方法

(1)启动。打开旋钮,关闭掺气阀,在最大流速下使显示面两侧下水道充满水。

(2)掺气量调节。旋动调节阀 5,可改变掺气量(ZL – 7 型除外)。注意有滞后性,调节应缓慢、逐次进行,使之达到最佳显示效果。掺气量不宜太大,否则会阻断水流或产生振动(仪器产生剧烈噪声)。

3. 注意事项

(1)水泵不能在低速下长时间工作,更不允许在通电情况(日光灯亮)下长时间处于停转状态,只有日光灯关灭才是真正关机,否则水泵易烧坏。

(2)更换日光灯时,需将后罩的侧面螺丝旋下,取下后罩。若更换启辉器,只需打开后罩下方的有机玻璃小盖板。

(3)调速器旋钮的固定螺母松动时,应及时拧紧,以防止内接电线短路。

14.1.3　实验指导

各实验仪演示内容及实验指导提要如下:

(1)ZL – 1 型(见图 14-2 中的 1)。显示逐渐扩散、逐渐收缩、突然扩大(突扩)、突然收缩(突缩)、壁面冲击、直角弯道等平面上的流动图像,模拟串联管道纵剖面流谱。

在逐渐扩散段可看到由边界层分离而形成的旋涡,且靠近上游喉颈处,流速越大,旋涡尺度越小,紊动强度越大;而在逐渐收缩段,无分离,流线均匀收缩,亦无旋涡,由此可知,逐渐扩散段局部水头损失大于逐渐收缩段。

在突然扩大段出现较大的旋涡区,而突然收缩只在死角处和收缩断面的进口附近出现较小的旋涡区。这表明突扩段比突缩段有较大的局部水头损失(缩扩的直径比大于 0.7 时例外),而且突缩段的水头损失主要发生在突缩断面后部。

由于本仪器突缩段较短,故其流谱亦可视为直角进口管嘴的流动图像。在管嘴进口附近,流线明显收缩,并有旋涡产生,致使有效过流断面减小,流速增大,从而在收缩断面出现真空。

在直角弯道和壁面冲击段,也有多处旋涡区出现。尤其在弯道流中,流线弯曲更剧,越靠近弯道内侧,流速越小。而且近内壁处,出现明显的回流,所形成的回流范围较大,将此与 ZL – 2 型中圆角转弯流动对比,直角弯道旋涡大,回流更加明显。

旋涡的大小和紊动强度与流速有关。这可通过流量调节观察对比,例如流量减小,渐扩段流速较小,其紊动强度也较小,这时可看到在整个扩散段有明显的单个大尺度旋涡;反之,当流量增大时,这种单个尺度旋涡随之破碎,并形成无数个小尺度的旋涡,且流速越高,紊动强度越大,则旋涡越小,可以看到,几乎每一个质点都在其附近激烈地旋转着。又如,在突扩段,也可看到旋涡尺度的变化。此情况清楚表明:紊动强度越大,旋涡尺度越小,几乎每一个质点都在其附近激烈地旋转着。水质点间的内摩擦越厉害,水头损失就越大。

(2)ZL-2型(见图14-2中的2)。显示文丘里流量计、孔板流量计、圆弧进口管嘴流量计以及壁面冲击、圆弧形弯道等串联流道纵剖面上的流动图像。

由显示可见,文丘里流量计的过流顺畅,流线顺直,无边界层分离和旋涡产生。在孔板前,流线逐渐收缩,汇集于孔板的孔口处,只在拐角处有小旋涡出现,孔板后的水流逐渐扩散,并在主流区的周围形成较大的旋涡区。由此可知,孔板流量计的过流阻力较大;圆弧进口管嘴流量计入流顺畅,管嘴过流段上无边界层分离和旋涡产生;在圆形弯道段,边界层分离的现象及分离点明显可见,与直角弯道比较,流线较顺畅,旋涡发生区域较小。

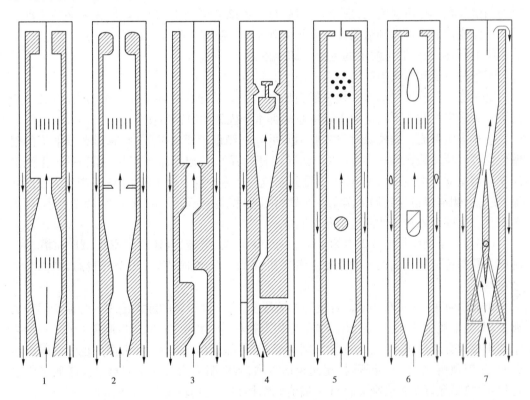

图 14-2　显示面过流道示意图

由上可了解三种流量计的结构、优缺点及其用途。如孔板流量计结构简单,测量精度高,但水头损失很大。作为流量计损失大是缺点,但有时将其移作他用,例如工程上的孔板消能又是优点。另外,从弯道水流观察分析可知,在急变流段测压管水头不按静水压强的规律分布,其原因何在? 有两个方面:①离心惯性力的作用;②流速分布不均匀(外侧大,内侧小并产生回流)。该演示仪所显示的现象还表征某些工程流程:

①板式有压隧道的泄洪消能。如黄河小浪底电站，在有压隧洞中设置了流道孔板式消能工，使泄洪的余能在隧洞中消耗，从而解决了泄洪洞出口缺乏消能条件时的工程问题。其消能的机制、水流形态及水流和隧洞间的相互作用等，与孔板出流相似。

②圆弧形管嘴过流。进口流线顺畅，说明这种管嘴流量系数较大（最大可达 0.98），可将此与 ZL - 1 型的直角管嘴对比观察，理解直角进口管嘴的流量系数较小（约为 0.82）的原因。

③喇叭形管道取水口。结合 ZL - 1 型的演示可了解喇叭形取水口的水头损失系数较小（为 0.05 ~ 0.25，而直角形的约为 0.5）的原因。这是由于喇叭形进口符合流线型的要求。

（3）ZL - 3 型（见图 14-2 中的 3）。显示 30°弯头、直角圆弧弯头、直角弯头、45°弯头以及非自由射流等流段纵剖面上的流动图像。

由显示可见，在每一转弯的后面，都因边界层分离而产生旋涡。转弯角度不同，旋涡大小、形状各异。在圆弧转弯段，流线较顺畅，该串联管道上，还显示局部水头损失叠加影响的图谱。在非自由射流段，射流离开喷口后，不断卷吸周围的流体，形成射流的紊动扩散。在此流段上还可看到射流的附壁效应现象（详细介绍见 ZL - 7 型）。

综上所述，该仪器可演示的主要流动现象为：

①各种弯道和水头损失的关系。

②短管串联管道局部水头损失的叠加影响。这是计算短管局部水头损失时，各个局部水头损失之和并不一定等于管道总局部水头损失的原因所在。

③非自由射流。据授课对象专业不同可分别侧重于紊动扩散、旋涡形态或射流的附壁效应等。从该装置的一半看（以中间导流杆为界），若把导流杆当作一侧河岸，主流沿河岸高速流动。由显示可见，该河岸受到水流的严重冲刷。而主流的外侧，产生大速度回流，使另一侧河岸也受到局部淘刷。在喷嘴附近的回流死角处，因流速小，紊动度小，则出现淤积。这些现象在天然河道里是常有的。

（4）ZL - 4 型（见图 14-2 中的 4）。显示 30°弯头、分流、合流、45°弯头，YF - 溢流阀、闸阀及蝶阀等流段纵剖面上的流动图像。其中 YF - 溢流阀固定，为全开状态，蝶阀为活动可调。

由显示可见，在转弯、分流、合流等过流段上，有不同形态的旋涡出现。合流旋涡较为典型，明显干扰主流，使主流受阻，这在工程上被称为"水塞"现象。为避免"水塞"，给排水技术要求合流时用 45°三通连接。闸阀半开，尾部旋涡区较大，水头损失也大。蝶阀全开时，过流顺畅，阻力小，半开时，尾涡紊动激烈，表明阻力大且易引起振动。蝶阀通常供检修用，故只允许全开或全关。YF - 溢流阀结构和流态均较复杂，如下所述。

YF - 溢流阀广泛用于液压传动系统。其流动介质通常是油，阀门前后压差可高达 315 bar（1 bar = 10^5 Pa），阀道处的流速可高达 200 m/s 以上。本装置流动介质是水，为了与实际阀门的流动相似（雷诺数相同），在阀门前加一减压分流，该装置能十分清晰地显示阀门前后的流动形态：高速流体经阀口喷出后，在阀芯的大反弧段发生边界层分离，出现一圈旋涡带；在射流和阀座的出口处，也产生一较大的旋涡环带。在阀后，尾迹区大而复杂，并有随机的卡门涡街产生。经阀芯芯部流过的小股流体也在尾迹区产生不规则的左右扰动。调节过流量,旋涡的形态基本不变,表明在相当大的雷诺数范围内,旋涡基本稳定。

该阀门在工作中,由于旋涡带的存在,必然会产生较激烈的振动,尤其是阀芯反弧段上的旋涡带,影响更大,由于高速紊动流体的随机脉动,引起旋涡区真空度的脉动,这一脉动压力直接作用在阀芯上,引起阀芯的振动,而阀芯的振动又作用于流体的脉动和旋涡区的压力脉动,因而引起阀芯的更激烈振动。显然,这是一个很重要的振源,而且这一旋涡环带还可能引起阀芯的空蚀破坏。另外,图像还表明,阀芯的受力情况也不太好。

(5)ZL–5 型(见图 14-2 中的 5)。显示明渠逐渐扩散、单圆柱绕流、多圆柱绕流及直角弯道等流段的流动图像。圆柱绕流是该型演示仪的特征流谱。

由显示可见,单圆柱绕流时的边界层分离状况、分离点位置、卡门涡街的产生与发展过程以及多圆柱绕流时的流体混合、扩散、组合旋涡等流谱,现分述如下:

①滞止点。观察流经前驻滞点的小气泡,可见流速的变化由 $v_0 \to 0 \to v_{\max}$,流动在滞止点上明显停滞(可结合说明能量的转化及毕托管测速原理)。

②边界层分离。结合显示图谱,说明边界层、转捩点概念并观察边界层分离现象、边界层分离后的回流形态以及圆柱绕流转捩点的位置。

边界层分离将引起较大的能量损失。结合渐扩段的边界层分离现象,还可说明边界层分离后会产生局部低压,以至于有可能出现空化和空蚀破坏现象。如文丘里管喉管出口处(参照空化机制实验仪说明)。

③卡门涡街。圆柱的轴与来流方向垂直。在圆柱的两个对称点上产生边界层分离后,不断交替在两侧产生旋转方向相反的旋涡,并流向下游,形成卡门(Von Karman)涡街。

对卡门涡街的研究,在工程实际中有很重要的意义。每当一个旋涡脱离开柱体时,根据汤姆逊(Thomson)环量不变定理,必须在柱体上产生一个与旋涡具有的环量大小相等、方向相反的环量,由于这个环量使绕流体产生横向力,即升力。注意到在柱体的两侧交替地产生着旋转方向相反的旋涡,因此柱体上的环量的符号交替变化,横向力的方向也交替变化。这样就使柱体产生了一定频率的横向振动。若该频率接近柱体的自振频率,就可能产生共振,为此常采取一些工程措施加以解决。

从圆柱绕流的图谱可见,卡门涡街的频率不仅与 Re 有关,也与管流的过流量有关。若在绕流柱上,过圆心打一与来流方向相垂直的通道,在通道中装设热丝等感应测量元件,则可测得由于交变升力引起的流速脉动频率,根据频率就可测量管道的流量。

卡门涡街引起的振动及其实例:观察涡街现象,说明升力产生的原理。绕流体为何会产生振动以及为什么振动方向与来流方向相垂直等问题,都能通过对该图谱观测分析迎刃而解。作为实例,如风吹电线,电线会发出共鸣(风振);潜艇在行进中,潜望镜会发生振动;高层建筑(高烟囱等)在大风中会发生振动等,其依据都出于卡门涡街。

④多圆柱绕流。被广泛用于热工中的传热系统的冷凝器及其他工业管道的热交换器等,流体流经圆柱时,边界层内的流体和柱体发生热交换,柱体后的旋涡则起混掺作用,然后流经下一柱体,再交换、再混掺,换热效果较佳。另外,对于高层建筑群,也有类似的流动图像,即当高层建筑群承受大风袭击时,建筑物周围也会出现复杂的风向和组合气旋,

即使在独立的高层建筑物下游附近,也会出现分离和尾流。

(6)ZL – 6 型(见图 14-2 中的 6)。显示明渠渐扩、桥墩形钝体绕流、流线体绕流、直角弯道和正、反流线体绕流等流段上的流动图谱。

桥墩形钝体绕流:该绕流体为圆头方尾的钝形体,水流脱离桥墩后,形成一个旋涡区——尾流,在尾流区两侧产生旋向相反且不断交替的旋涡,即卡门涡街。与圆柱绕流不同的是,该涡街的频率具有较明显的随机性。

该图谱主要作用有两个:

①说明了非圆柱体绕流也会产生卡门涡街。

②对比观察圆柱绕流和该钝体绕流可见:前者涡街频率 f 在 Re 不变时它也不变;而后者,即使 Re 不变 f 也随机变化。由此说明了圆柱绕流频率可由公式计算,而非圆柱绕流频率一般不能计算的原因。

解决绕流体振动问题的途径如下:①改变流速;②改变绕流体自振频率;③改变绕流体结构形式,以破坏涡街的固定频率,避免共振。如北京大学力学系曾据此成功地解决了一例 120 m 烟囱的风振问题。其措施是在烟囱的外表加几道螺纹形突体,从而破坏圆柱绕流时卡门涡街的结构并改变它的频率,结果消除了风振。

流线型柱体绕流:这是绕流体的最好形式,流动顺畅,形体阻力最小。从正、反流线体的对比流动可见,当流线体倒置时,也出现卡门涡街。因此,为使过流平稳,应采用顺流而放的圆头尖尾形柱体。

(7)ZL – 7 型(见图 14-2 中的 7)。这是一只"双稳放大射流阀"流动原理显示仪。经喷嘴喷射出的射流(大信号)可附于任一侧面,若先附于左壁,射流经左通道后,向右出口输出;当旋转仪器表面控制圆盘,使左气道与圆盘气孔相通(连通大气)时,因射流获得左侧的控制流(小信号),射流便切换至右壁,流体从左出口输出。这时若再转动控制圆盘,切断气流,射流稳定于原通道不变。如要使射流再切换回来,只要再转动控制圆盘,使右气道与圆盘气孔相通即可。因此,该装置既是一个射流阀,又是一个双稳射流控制元件。只要给一个小信号(气流),便能输出一个大信号(射流),并能把脉冲小信号保持记忆下来。

由演示所见的射流附壁现象,又被称作附壁效应。利用附壁效应可制成"或门""非门""或非门"等各种射流元件,并可把它们组成自动控制系统或自动检测系统。由于射流元件不受外界电磁干扰,较之电子自控元件有其独特的优点,故在军工方面也有它的用途。1962 年在浙江嘉兴 22 000 km 高空被中国人民解放军用导弹击落的入侵我国领空的美制 U – 2 型高空侦察机,所用的自控系统就由这种射流元件组成。

作为射流元件在自动控制中的应用示例,ZL – 7 型还配置了液位自动控制装置。图 14-3 为 a 通道自动向左水箱加水状态。左右水箱的最高水位由溢流板(中板)控制,最低水位由 a_1、b_1 的位置自动控制。其原理是:

水泵启动,本仪器流道喉管 a_2、b_2 处由于过流断面较小,流速过大,形成真空。在水箱水位升高后产生溢流,喉管 a_2、b_2 处所承受的外压保持恒定。当仪器运行到图中状态时,右水箱水位因 b_2 处真空作用下抽吸而下降,当液位降到 b_1 小孔高程时,气流则经 b_1 进入 b_2,b_2 处升压(a_2 处压力不变),使射流切换到另一流道即 a_2 一侧,b_2 处进气造成 a_3、a_4 间断流，a_3 出口处的薄膜逆止阀关闭，而 $b_4 \rightarrow b_3$ 过流，b_3 出口处的薄膜逆止阀打开，右水箱加水。其过程与左水箱加水相同，如此往复循环，十分形象地展示了射流元件自动控制液位的过程。

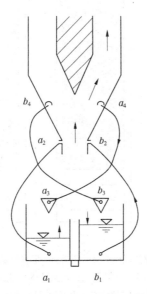

上半图为双稳放大射流阀，下半图为双水箱容器。

a_1、b_1、a_3、b_3 容器后壁小孔分别与孔 a_2、b_2 及毕托管取水嘴 a_4、b_4 连通

图 14-3　射流元件示意图

射流元件在其他工控中亦有广泛应用。这种装置在连续流中可利用工作介质直接控制液位。

操作中还须注意，开机后需等 $1 \sim 2$ min，待流道气体排净后再实验，否则仪器将不能正常工作。

14.2　自循环流谱流线显示仪

14.2.1　仪器简介

本仪器采用最先进的电化学法显示流线，用狭缝式流道组成过流面（见图 14-4）。流动过程采用封闭自循环形式。水泵开启，工作液体流动并自动染色。只要有电压 220 V 电源就可使用。它具有体积小、重量轻、演示内容丰富、图像清晰直观、有效显示面积比大、操作方便、无污染、节能等优点。

该仪器三种不同型号，分别用以演示管流、明渠流、渗流、绕流等流谱。有的不仅可演示流线疏密，还可显示压强大小，如机翼绕流。

该系列仪器均由流线显示盘、前后罩壳、灯光、小水泵、直流供电装置等部件组成。

流线流谱照片如图 14-5 所示。

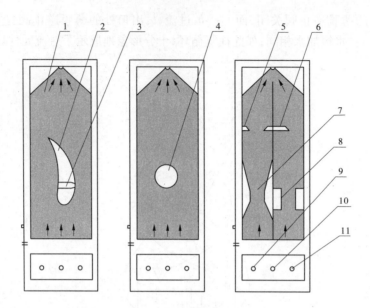

1—狭缝流道显示面;2—机翼绕流模型;3—孔道;4—圆柱绕流模型;5—孔板及孔板流段;
6—闸板及闸板流段;7—文丘里管及文丘里流段;8—突然扩大和突然缩小流段;
9—泵开关;10—对比度旋钮;11—电源开关

图 14-4　流谱流线显示仪

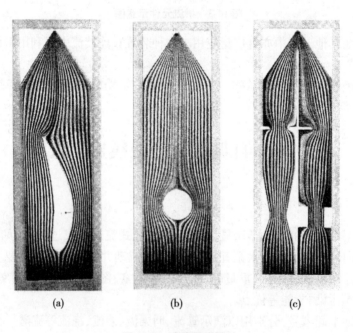

(a)　　　　　　　　(b)　　　　　　　　(c)

图 14-5　流线流谱照片

14.2.2　使用方法

1. 配液

初始使用时,先要配制显示液和对仪器充液。

配液时,取药粉一包(约 0.15 g),倒入小烧杯内,加入 10 ~ 20 mL 酒精,使药粉充分溶解,然后将此溶液倒入 2 600 mL 蒸馏水中搅匀,接着在该水溶液中加入几滴氢氧化钠水溶液,使之由淡黄色变为微红色。若颜色偏红(会导致流线不清晰),可加入稀盐酸使之微红,处于临界状态。氢氧化钠溶液浓度应小于 2 g/L,稀盐酸的浓度以 0.01 ~ 0.001 mol/L(每 100 mL 蒸馏水中滴入 3 ~ 5 滴浓盐酸)为宜。

2. 充液

打开侧板,关闭放空阀,用专用漏斗往进水孔中注入工作液,以淹没不锈钢丝过滤网为宜,注完液后用橡皮塞塞紧注液孔,防止工作液体蒸发。使用较长时间后内水箱中的过滤网需拆下清洗;工作液体在保证纯净、无块状沉淀前提下,可以延续工作 2 ~ 3 年不必更换。

3. 启动

完成充液后,即可将仪器投入正常使用。插上 220 V 电源。打开水泵开关、电源开关及流速调节阀,随着流道内工作液体流动,就逐渐会显示出红色与黄色相间的流线,并沿流延伸。

4. 调试

流速快慢对流线的清晰度有一定影响。为达到最佳显示效果,流速不宜太快,亦不宜太慢,太快流线不清晰,太慢则会造成流线歪扭倾倒。调节流速调节阀,一般将流道内流速调节至 0.5 ~ 1.0 m/s,再调节面板上的对比度旋钮(可从电极电压测点测得电压值),调节极间电压至合适位置(电压偏低,流线颜色淡;电压偏高,产生氢气泡,干扰流场)。

5. 故障及其排除方法

故障及排除方法见表 14-1。

14.2.3　实验指导

目前的三种型号流谱仪,分别用以演示机翼绕流、圆柱绕流和管渠过流,实验指导提要如下:

(1)I 型。单流道,演示机翼绕流的流线分布。由图像可见,机翼向天侧(外包线曲率较大)流线较密,由连续方程和能量方程知,流线密,表明流速大,压强低;而在机翼向地侧,流线较疏,压强较高。这表明整个机翼受到一个向上的合力,该力被称为升力。本仪器采用下述构造能显示出升力的方向:在机翼腰部开有沟通两侧的孔道,孔道中有染色电极。在机翼两侧压力差的作用下,必有分流经孔道从向地侧流至向天侧,这可通过孔道中染色电极释放的色素显现出来,染色液体流动的方向,即升力方向。

此外,在流道出口端(上端)还可观察到流线汇集到一处,并无交叉,从而验证流线不会重合的特性。

表 14-1 故障及排除方法

故障现象	故障原因	排除方法
泵不动	1. 初用或日久未用; 2. 电机电路不通	1. 反复开关几次; 2. 接通电路并稍稍转动泵盖
流线颜色浅	1. 流道流速过大; 2. 极间电压低; 3. 溶液碱性不足	1. 调节流速调节阀; 2. 调节面板对比度旋钮; 3. 加入适量的 NaOH 溶液
无流线出现	1. 电解电极断路; 2. 流速调节阀未开	1. 给电极通电; 2. 打开流速调节阀
流线颜色上下 浓淡不一	1. 新配溶液碱性不足,颜色太浅; 2. 日久未用,溶液颜色变黄	向水箱滴入适量的 NaOH 溶液至 颜色适当
日光灯不亮	插座松动或灯管或启辉器损坏	修复或更换
水泵漏水	水泵内密封止水圈漏水	拆下水泵,将水泵内密封止水橡 皮圈用生料带重新包裹后装回

（2）Ⅱ型。单流道,演示圆柱绕流。因为流速很低(为 0.5 ~ 1.0 cm/s),能量损失极小,可忽略,故其流动可视为势流。因此,所显示的流谱上下游几乎完全对称。这与圆柱绕流势流理论流谱基本一致;圆柱两侧转捩点趋于重合,零流线(沿圆柱表面的流线)在前驻点分成左右 2 支,经 90°点($u = u_{max}$),而后在背滞点处两者又合二为一了。这是由于绕流液体是理想液体(势流必备条件之一),由伯努利方程知,圆柱绕流在前驻点($u = 0$)势能最大,90°点($u = u_{max}$)势能最小,而到达后滞点($u = 0$),动能又全转化为势能,势能又最大,故其流线又复原到驻点前的形状。

驻滞点的流线为何可分又可合,这与流线的性质是否矛盾呢? 不矛盾。因为在驻滞点上流速为 0,而静止液体中同一点的任意方向都可能是流体的流动方向。

然而,当适当增大流速,雷诺数增大,流动由势流变成涡流后,流线的对称性就不复存在。此时虽圆柱上游流谱不变,但下游原合二为一的染色线被分开,尾流出现。由此可知,势流与涡流是性质完全不同的两种流动(涡流流谱参见流动演示仪)。

（3）Ⅲ型。双流道,演示文丘里管、孔板、渐缩和突然扩大、突然缩小、明渠闸板等流段纵剖面上的流谱。演示是在小雷诺数下进行的,液体在流经这些管段时,有扩有缩。由于边界本身亦是一条流线,通过在边界上布设的电极,该流线亦能得以演示。同上,若适当提高流动的雷诺数,经过一定的流动起始时段后,就会在突然扩大拐角处流线脱离边界,形成旋涡,从而显示实际液体的总体流动图谱。

利用该流线仪,还可说明均匀流、渐变流、急变流的流线特征。如直管段流线平行,为均匀流。文丘里的喉管段,流线的切线大致平行,为渐变流。突然缩小、突然扩大处,流线夹角大或曲率大,为急变流。